中等职业学校"双优建设"系列教材·公共基础课

计算机应用基础
（Windows10+WPS Office）

主　编　刘建中
副主编　庞　拓　洪　丹　宋崇晖
编　委　汪茜浠　王　洁　王　雄　夏　恒
　　　　刘恒峰　甘露林　阮群芳

华中科技大学出版社
http://press.hust.edu.cn
中国·武汉

图书在版编目（CIP）数据

计算机应用基础：Windows 10＋WPS Office/刘建中主编. —武汉：华中科技大学出版社，
2024.2

ISBN 978-7-5772-0488-8

Ⅰ.①计… Ⅱ.①刘… Ⅲ.①Windows 操作系统 ②办公自动化-应用软件 Ⅳ.①TP316.7
②TP317.1

中国国家版本馆 CIP 数据核字（2024）第 016288 号

计算机应用基础（Windows 10＋WPS Office） 刘建中 主编

Jisuanji Yingyong Jichu(Windows 10＋WPS Office)

策划编辑：聂亚文

责任编辑：谢　源

封面设计：孢　子

责任校对：林宇婕

责任监印：周治超

出版发行：华中科技大学出版社（中国·武汉）　　电话：(027)81321913
　　　　　武汉市东湖新技术开发区华工科技园　　邮编：430223

录　　排：武汉创易图文工作室

印　　刷：武汉市籍缘印刷厂

开　　本：787mm×1092mm　1/16

印　　张：11.5

字　　数：233 千字

版　　次：2024 年 2 月第 1 版第 1 次印刷

定　　价：40.00 元

序言
Preface

在当今这个信息时代,计算机不仅成为现代生活的重要组成部分,而且在许多工作场景中也是必不可少的工具。无论是学生、教师还是职场人士,都会发现高超的计算机技能在解决问题和提高效率方面发挥了无可比拟的作用。正因如此,一本全面、深入、实用的计算机教材显得尤为重要。本书旨在为广大读者提供一个有益参考。

本书共分为七个模块,涵盖了计算机基础,Windows 10 操作系统,WPS 文字、表格、演示的应用,计算机网络以及使用WPS Office App 处理文件等方面的内容。无论是初次接触计算机的新手,还是已经具备一定基础的进阶学习者,都可以从本书中找到适合自己的学习方式。

模块 1 将从最基本的硬件和软件知识开始,逐渐引导读者进入计算机的世界。对于初学者来说,这是探索计算机的起点;对于有经验的读者来说,这也有助于巩固基础知识。

模块 2 将带读者深入了解最广泛使用的操作系统之一——Windows 10 操作系统。通过学习,读者不仅能够流畅地使用各种应用程序,还可以学会系统管理和优化,甚至能够解决常见的计算机问题。

模块 3 至模块 5 将详细介绍如何使用文字、表格和演示三个模块来高效地完成日常办公任务。这部分内容兼顾了基础操作和进阶技能,旨在帮助读者在工作中更好地利用这些工具。

模块 6 将向读者展示如何在网络世界中生活和工作。网络不仅是沟通的桥梁，也是信息的海洋，了解网络的运作方式，将使读者能够更好地利用这个强大的资源。

模块 7 探讨如何使用 WPS Office App 处理文件。随着移动设备的普及，能够随时随地处理文件变得越来越重要。这一模块将帮助读者掌握移动办公的基本技能。

总而言之，本书试图构建一个全面、实用、可操作的学习体系。笔者精心编排了每个模块，力求让读者能够轻松地掌握每个部分的内容，并逐渐积累起全面的计算机知识和技能。我们相信，无论是提高工作效率、加强专业技能还是简单地提升日常生活质量，读者都可以从本书中获益。

最后，感谢您选择本书。愿您的学习之旅既愉悦又富有成效！我们期待您通过本书，不仅能够学到知识，还能够激发对计算机科学与技术的兴趣和热爱。

编者

目录
Contents

模块 1 计算机基础

· 学习目标 ·

计算机在当今社会中的应用非常广泛,几乎涵盖了各个领域和行业,而且还在不断创新和扩展,为人们的生活、工作和娱乐带来了巨大的便利。以下是计算机在社会中的主要应用场景。相信同学们在日常生活中经常遇到,大家可以谈一谈自己的应用体验。

(1)通信和互联网:计算机和互联网技术使得人们能够通过电子邮件、社交媒体、视频通话、视频会议等方式实现全球范围内的快速通信。互联网成为信息获取、在线购物、在线教育等方面的重要平台。

(2)媒体和娱乐:计算机技术使得数字媒体的创作、编辑和传播变得更加便捷和高效。人们可以通过计算机、智能手机、平板电脑等设备进行观看电影和短视频、播放音乐、玩游戏等娱乐活动。

(3)医疗保健:计算机在医疗保健领域的应用非常广泛,包括高端检测仪器、处理电子病历、医学影像处理、远程医疗等。计算机技术可以帮助医生更好地诊断病情、监控患者健康状况,并提供更精确和个性化的治疗方案。

(4)教育和培训:计算机在教育和培训领域也起到了重要的作用。学生们可以随时随地在线用计算机学习各种课程,参与远程教育项目,进行在线考试等。计算机系统还提供了各种教学工具和软件,辅助教师进行教学。

(5)金融服务:计算机在金融领域的应用非常广泛,包括电子支付、网上银行、股票交易系统等。计算机技术可以帮助金融机构实现更高效的业务处理和风险管理。

(6)工业和制造业:计算机和自动化技术在工业和制造业中起到了关键的作用。计算机控制系统和传感器可以实现生产过程的自动化和监控,打造无人车间,提高生产效率和产品质量。

(7)交通和物流：计算机在交通和物流领域的应用包括交通信号控制、车辆导航、物流管理等。计算机技术可以优化交通流量，提供实时导航信息，并实现物流过程的自动化和跟踪。

除了以上列举的应用领域，计算机在科学研究、军事国防、艺术设计等方面也有广泛的应用。

同学们，你是否曾经想过，为什么计算机可以完成各种复杂的任务？为什么它们能够处理海量的数据并做出快速而准确的决策？下面就让我们一起来寻找答案吧！

我们将从计算机基础知识开始，探索计算机的核心组成部分：硬件和软件。硬件是指计算机的物理组件，包括处理器、显卡、内存、硬盘、显示器等；而软件则是指各种应用程序和操作系统，它们使得硬件能够工作并实现各种功能。我们还将学习计算机硬件的基本原理和功能，了解计算机内部的工作原理。同时，我们也将了解软件，从操作系统到编程语言，从应用程序到算法的各个层面。

通过学习计算机基础知识，我们能够更好地理解计算机是如何处理信息的、如何进行数据存储和传输的，以及如何进行问题的求解和决策的。这些知识将为你今后的学习和职业发展打下坚实的基础。

让我们一起踏上计算机学习之旅吧！希望同学们能够享受到探索和学习的乐趣，同时也能够将所学知识应用到实际生活和工作中。

任务 1　探秘计算机

一、什么是计算机

计算机是一种电子设备，它能够根据预设的指令集执行一系列复杂的操作。这些操作包括数学运算、逻辑判断、数据存储和检索、设备控制、通信处理等。

（一）计算机的组成

一台典型的计算机系统由硬件和软件两部分组成。

硬件是计算机的物理部分，包括中央处理器（CPU）、内存、存储设备、输入设备和输出设备。CPU 是计算机的核心，它执行程序中的指令，处理数据。内存和存储设备用于存储数据和程序。输入设备和输出设备用于与用户和其他设备进行信息交互。

软件是指令和数据的集合,它控制和协调硬件的工作,实现各种功能。软件分为系统软件和应用软件两大类。系统软件包括操作系统、编程语言处理器、数据库管理系统等,它为其他软件提供运行环境,管理和控制硬件资源。应用软件包括文字处理器、电子表格、网络浏览器、游戏程序等,它完成具体的计算任务,满足用户的各种需求。

(二)计算机的工作原理

计算机的基本工作原理是"输入—处理—输出":通过输入设备输入数据和指令;CPU 根据指令处理数据,可能需要访问内存和存储设备;将处理结果通过输出设备输出。

计算机的所有操作都是在二进制系统下进行的,这是因为二进制系统简单、稳定,适合电子设备的物理特性。数据和指令在计算机内部都是以二进制形式表示和处理的。例如,文本、图像、声音等信息都会转换成二进制数据;加法、减法、比较、移位等操作也都会转换成二进制指令。

(三)计算机的发展历程

世界上第一台电子数字计算机(ENIAC)(见图 1.1),诞生于 1946 年 2 月 14 日的美国宾夕法尼亚大学。当时的美国国防部用它来进行弹道计算。它是一个庞然大物,由 1.8 万个电子管组成,占地 170 平方米,重达 30 吨,功耗约 150 千瓦。它的计算能力有限,每秒只能运算 5000 多次。

图 1.1　世界上第一台电子数字计算机(ENIAC)

自 ENIAC 诞生之后,计算机发展又经历了以下四代。

1. 第一代计算机（1946—1957 年）——电子管时代

第一代计算机（见图 1.2）的特点是操作系统是为特定任务而制定的，每种机器都有各自不同的机器语言。而在硬件上的特点则是使用真空管和磁鼓存储数据，逻辑元件则是采用电子管。第一代计算机是承上启下的一类计算机，推动着计算机的发展。

图 1.2　第一代计算机

2. 第二代计算机（1958—1964 年）——晶体管时代

第二代计算机（见图 1.3）在逻辑元件上采用了晶体管来代替电子管，运算速度提升到了几十万次到几百万次每秒。普遍采用磁芯、磁盘和磁带存储数据。此时出现了一些如 Ada、FORTRAN、COBOL 等高级程序设计语言，并且提出了操作系统的概念。

图 1.3　第二代计算机

相比于上一代计算机,这一代的计算机体积更小,重量更轻,速度更快,逻辑运算功能更强,可靠性大为提升,应用领域也扩展到了数据处理和工业控制等领域。

3. 第三代计算机(1965—1970年)——中小规模集成电路时代

第三代计算机(见图1.4)采用中小规模集成电路作为逻辑元件,半导体存储器开始替代磁芯存储器。在这一时代,高级语言发展迅速,操作系统也进一步发展,且开始有了分时操作系统。

图1.4 第三代计算机

由于采用了中小规模集成电路,第三代计算机的体积功耗进一步减小,可靠性和运算速度进一步提高。除了用于科学计算外,第三代计算机还可用于企业管理、自动控制、辅助设计和辅助制造等领域。除了用于数据处理外,第三代计算机已经可以处理图像和文字等资料。

4. 第四代计算机(1971年至今)——超大规模集成电路时代

在超大规模集成电路时代,第四代计算机(见图1.5)的逻辑元件已经变成大规模集成电路和超大规模集成电路,并产生了微处理器。诸如并行、流水线、高速缓存和虚拟存储器等概念也运用到了这代计算机中。

当今,计算机发展迅速。目前我们使用的计算机在晶体管数量上已经达到数百亿个,运算速度也十分惊人。

(四)计算机的分类

计算机的分类主要基于它们的处理能力、大小、成本和用途。以下是常见的计算机分类。

图 1.5　第四代计算机

1. 超级计算机

超级计算机是最强大的计算机，通常用于处理需要大量计算的复杂问题，例如天气预报、核能研究、生物信息学、物理学模拟等。超级计算机具有极高的处理速度和数据处理能力。图 1.6 为我国自主研发的超级计算机——神威·太湖之光。

图 1.6　我国自主研发的超级计算机——神威·太湖之光

🔲 延伸阅读 ┄┄┄┄┄┄┄┄┄┄┄┄┄┄┄┄┄┄┄┄┄┄┄┄┄┄┄┄┄┄┄┄┄┄

习近平总书记曾说："实践反复告诉我们，关键核心技术是要不来、买不来、讨不来的。只有把关键核心技术掌握在自己手中，才能从根本上保障国家经济安全、国防安全和其他安全。"

党的十八大以来，中国把科技自立自强作为国家发展的战略支撑。神威·太湖之光就是我国首台全部采用国产处理器构建的、性能位居世界前列的超级计算机。它于2016年正式发布。国家超级计算中心利用超级计算机实现天气气候、地震、工业仿真等领域突破性成果,多次荣获国际超级计算机应用领域的最高奖——"戈登·贝尔"奖,一举打破美日两国对这一奖项长达30年的垄断,实现了几代科技人员的共同梦想。

超级计算机属于战略高技术领域,是世界各国竞相角逐的科技制高点,也是一个国家科技实力的重要标志之一。这需要科技工作者具备强烈的自主创新意识和技术能力,能够跨越国际前沿,不断推动科学技术的进步。超级计算机的建设需要涵盖多个领域的专业知识和技术,需要科技工作者之间密切的协作与配合。在超级计算机建设过程中,科技工作者们需要保持良好的团队协作和领导管理能力。超级计算机建设是一个漫长而复杂的过程,涉及数次技术突破和重大调整。因此,科技工作者们需要保持耐心和毅力,并不断地解决难题,始终追求卓越的性能和效果。

2. 主框架计算机

主框架计算机(见图1.7)是大型企业或政府部门用来处理大量数据的计算机,例如银行交易、航空预订系统、大规模制造等。主框架计算机可处理多个任务,同时为大量用户服务。

3. 小型计算机

小型计算机(见图1.8)又称为服务器,是为一定数量的用户提供服务的。小型计算机在性能和价格方面介于主框架计算机和微型计算机之间。它通常用于中小型企业,例如网站托管、文件存储和电子邮件服务等。

图1.7 主框架计算机　　　　　　　　　图1.8 小型计算机

4. 微型计算机

微型计算机是日常生活中最常见的计算机类型,例如个人电脑(PC)、笔记本电脑和工作站等。微型计算机通常由一个用户使用,用于各种日常任务,如编写文档、浏览互联网、播放视频和音频等。

5.嵌入式计算机

嵌入式计算机是嵌入其他设备或系统（如汽车、手机、家电、工业控制系统等）中的计算机，用于执行特定的任务。这类计算机的硬件和软件配置通常都是为特定的应用定制的。

以上就是计算机的一些基本分类。值得注意的是，随着技术的进步，这些分类可能会发生改变，新的计算机类型可能会随之出现。

（五）计算机的前沿技术

随着技术的进步，计算机已经从传统的桌面设备发展为多样化的计算平台，包括移动设备、嵌入式设备、云计算平台等。新的计算模式（如分布式计算、并行计算、量子计算等）为解决更复杂的问题提供了可能。

同时，新的应用领域（如人工智能、大数据、虚拟现实、区块链等）正在改变我们的生活和工作方式。这些领域需要处理大量的数据和复杂的算法，对计算机的性能和效率提出了更高的要求。

理解计算机的基本概念、组成、分类、基本工作原理和发展趋势，对于有效地学习使用计算机具有重要的意义。

二、计算机的构成

计算机主要由 5 个基本部分构成，分别是输入设备、中央处理器（CPU）、内存、存储设备和输出设备（见图 1.9）。这些部分组合在一起，构成了一个计算机系统，可以执行各种复杂的任务。

（一）输入设备

计算机的输入设备（input device）是从用户或其他系统中接收信息的硬件设备。它们使用户可以与计算机系统交互，输入数据、控制操作和执行命令。输入设备将用户或其他系统提供的原始数据转换为电子形式，计算机才能理解和处理这些数据。

1.常见的输入设备

（1）键盘。

键盘是最常见的输入设备，几乎所有的计算机系统都会配备键盘。用户通过按下键盘上的按键，输入文本、数字或特殊字符。键盘有许多功能键，如 Enter、Esc、Backspace、Tab 等，它们可以用来控制计算机的操作。

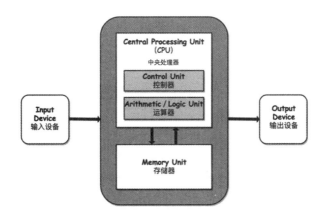

图 1.9 计算机的 5 个基本部分

（2）鼠标。

鼠标是一种指针输入设备，它让用户能够在屏幕上精确地定位和选择图形用户界面的元素。鼠标一般由两个按键以及一个滚轮组成，用户可以单击或双击按键，以及在页面或文档中上下滚动滚轮来使用鼠标。

（3）触摸屏。

触摸屏是一种可以检测和响应用户在其表面上进行的物理触摸的输入设备。用户可以使用手指或触控笔在触摸屏上进行操作。触摸屏技术使用户可以直接与显示的内容进行交互，提供了一种直观的操作方式。

（4）扫描仪和相机。

扫描仪和相机可以将物理对象或图像转换为数字格式，以便计算机处理。扫描仪通常用于创建纸质文档的数字副本，而相机则用于捕捉静态或动态图像。

（5）麦克风。

麦克风用于捕捉声音或语音，并将其转换为电子信号。其在语音识别、语音通话和录音系统中应用普遍。

2. 输入设备的工作原理

虽然输入设备的工作方式各不相同，但它们的基本原理是相似的。当用户与输入设备进行交互时，设备会检测这种交互方式，并将其转换为电子信号。这些信号随后被送入计算机系统，然后由操作系统和应用程序进行解读和响应。

例如，当用户按下键盘上的按键时，键盘会产生一个特定的信号。这个信号通过电缆或无线连接发送到计算机，在那里它被翻译成相应的字符，并显示在屏幕上或用于执行特定的命令。

3.输入设备的发展和未来

从早期的穿孔卡片和磁带读取设备，到现在的键盘、鼠标、触摸屏和麦克风等设备，输入设备的发展反映了计算机技术的进步和人机交互方式的变化。

今天，新的输入设备和技术正在开发和普及，包括虚拟现实（VR）和增强现实（AR）设备、眼球追踪器、肌肉和大脑波活动监测器等。这些设备和技术为计算机系统的交互方式开辟了新的可能性，使得交互更加直观、灵活和强大。

总的来说，输入设备是用户与计算机系统交互的重要桥梁，它们将实体世界的数据和指令转换为计算机可以理解和处理的电子信息。理解不同输入设备的特性和工作原理，可以帮助我们更有效地使用计算机系统，并发挥其最大的价值。

（二）中央处理器

中央处理器（central processing unit，CPU）（见图 1.10），是计算机的核心组件，是一款复杂的集成电路，负责执行各种操作。CPU 的基本功能是获取（fetch）、解码（decode）和执行（execute）来自计算机存储器的指令。

图 1.10　中央处理器（CPU）

1.CPU 的组成

（1）控制单元。

控制单元负责从存储器中获取指令，解码这些指令，然后发送指令到适当的组件。简而言之，控制单元是 CPU 的指挥中心。

（2）算术逻辑单元（arithmetic logic unit，ALU）。

ALU 负责进行所有的数学计算和逻辑决策。这包括基本的算术运算（加法、减法、乘法和除法等）以及逻辑运算（比较两个数值，确定它们是否相等，一个是否大于另一个等）。

（3）寄存器。

寄存器是一种非常小但速度极快的存储空间，它们位于 CPU 内部，可以快速存储和访问数据和指令。寄存器的数量和大小因 CPU 而异。

2. CPU 的工作原理

CPU 执行指令的基本过程,被称为指令周期,通常包括以下步骤。

(1)获取。

在获取阶段,CPU 从内存中读取下一个要执行的指令。

(2)解码。

在解码阶段,指令被翻译成一系列可以执行的动作。

(3)执行。

在执行阶段,CPU 执行指令中指定的动作。这可能涉及 ALU 中的算术或逻辑操作,或者是从内存中读取数据或向内存中写入数据。

(4)存储/输出。

在存储/输出阶段,CPU 将执行的结果存储到内存,或者发送到一个输出设备。

3. CPU 的性能

CPU 的性能可以由以下多个因素决定。

(1)时钟速度。

时钟速度是衡量 CPU 执行指令速度的主要指标,通常以赫兹(Hz)或其倍数表示。1 台 1 GHz 的 CPU 每秒可以执行 10 亿次。

(2)核心数量。

多核 CPU 可以同时执行多个指令,这对于需要处理大量并发任务的现代计算机系统来说,是非常重要的。

(3)指令集。

指令集是 CPU 能够理解和执行的指令的集合。更复杂的指令集可以使 CPU 执行更复杂的任务,但也可能增加 CPU 的设计复杂性和能耗。

(4)缓存大小。

缓存是一种位于 CPU 和主内存之间的快速存储器。它可以存储经常使用的数据和指令,从而提高 CPU 的性能。

4. CPU 的发展

自从 19 世纪 40 年代第一台电子计算机 ENIAC 问世以来,CPU 的性能已经取得了显著的提高。早期的计算机使用的是电子管作为开关,但这些设备既大又热,而且容易出故障。19 世纪 50 年代,晶体管取代了电子管,使得计算机变得更小、更可靠且更经济。19 世纪 60 年代,集成电路的出现进一步缩小了计算机的尺寸,同时也大大提高了它们的性能和可靠性。

在过去的几十年里，CPU 的速度和复杂性都有了巨大的提高。这主要得益于摩尔定律，这是一种能够观察到的现象，即每过 18～24 个月，集成电路上的晶体管数量就会翻倍。然而，随着晶体管尺寸接近物理极限，摩尔定律的运算速度已经开始放缓。

因此，CPU 制造商开始研究其他方法来提高性能，比如多核设计、超线程技术、更大的缓存和优化的指令集等。目前，量子计算和光子计算也在研究之列，它们可能会定义未来几十年的计算技术。

总体来说，CPU 是计算机的心脏，执行所有的处理工作。了解 CPU 的工作原理以及如何影响计算机性能，可以帮助我们更好地理解和利用计算机技术。

(三)计算机内存

计算机内存是计算机中用来存储数据和指令的硬件设备。它是计算机的核心组件之一，它使 CPU 能够快速地获取和存储数据，从而完成各种计算任务。计算机内存可以被看作是一个存储单元的阵列，每个存储单元都有一个唯一的地址，CPU 可以利用这些地址来获取和存储数据，如图 1.11 所示为计算机内存条。

图 1.11　计算机内存条

1. 内存的种类

计算机内存主要有两种类型：随机存取存储器（random access memory，RAM）和只读存储器（read only memory，ROM）。

(1)RAM。

RAM 是一种可读写的存储介质，当电源被切断时，它的内容会消失，因此被称为易失性存储器。RAM 被用来存储操作系统、应用程序和当前处理的数据。当 CPU 需要读取或写入数据时，它首先会在 RAM 中寻找。

(2)ROM。

ROM 是一种只能读取不能写入的存储介质，它的内容在电源断开后仍然存在，因此被称为非易失性存储器。ROM 常用来存储计算机的启动程序，以及其他重要的系统信息。

2. 内存的工作原理

当CPU需要读取或写入数据时,它会发出一个地址信号,这个信号指向RAM中的一个特定位置。

数据在RAM中的位置(地址)是由操作系统和内存管理硬件自动确定的。当一个程序需要存储数据时,它只需要请求内存空间,然后操作系统会找到一个空闲的内存地址,将数据存储在那里。

3. 内存的性能

内存的性能主要由以下几个因素决定。

(1)容量。

内存的容量决定了计算机可以同时处理的数据量。容量越大,能够同时运行的程序和处理的数据就越多。

(2)速度。

内存的速度决定了CPU读取和写入数据的速度。速度越快,数据的处理速度就越快。

(3)带宽。

内存的带宽是指内存每秒可以传输的数据量。带宽越大,数据传输速度就越快。

(4)延迟。

延迟是指CPU发出读取或写入请求到内存返回数据所需的时间。延迟越短,内存的响应速度就越快。

4. 内存的发展和未来

自从第一台电子计算机诞生以来,计算机内存已经取得了巨大的进步。从早期的磁鼓和磁带存储器到现代的半导体RAM和固态硬盘,内存的容量已经成千上万倍地增长,而价格则大幅度下降。

新的存储技术包括光存储、量子存储和新型非易失性内存(如闪存和磁阻随机存取存储器(MRAM))。这些新技术有可能在未来进一步提高内存的性能、降低成本,同时提供更多的功能和可能性。

总的来说,内存是计算机系统的核心组成部分,它影响着计算机的性能和功能。理解内存的工作原理和性能特性,可以帮助我们更好地选择和使用计算机硬件,更有效地完成各种计算任务。

（四）存储设备

计算机的存储设备是用来持久性保存数据和信息的硬件设备。在电源断开后，存储设备上的信息不会消失。存储设备可以长期存储大量的数据，并在需要时提供给 CPU 进行处理。

1. 常见的存储设备

（1）硬盘驱动器。

硬盘驱动器（hard disk drive,HDD）是一种采用磁盘来存储数据的设备（见图1.12），它将数据写入薄薄的磁性材料层上。HDD 有很高的存储容量，但因为它使用机械磁头来读取和写入数据，所以速度相对较慢。

（2）固态驱动器。

固态驱动器（solid state drive,SSD）是一种使用非易失性内存技术来存储数据的设备（见图1.13）。与 HDD 不同，SSD 没有移动部件，所以读写速度更快，噪声更小，耐用性更强。

图 1.12　硬盘驱动器　　　　　　图 1.13　固态驱动器

（3）光盘。

光盘（optical disc）通过激光技术来读取和写入数据（见图1.14）。光盘的存储容量较小，但是成本低廉，且便于携带和共享。

（4）USB 闪存驱动器。

USB 闪存驱动器（见图1.15）是一种便携式存储设备，使用闪存技术，可以通过 USB 接口连接到计算机。它的存储容量和速度介于 HDD 和 SSD 之间，且非常适合携带。

图 1.14　光盘

图 1.15　USB 闪存驱动器

2.存储设备的工作原理

虽然各种存储设备的具体工作原理各有不同,但它们的基本操作都是将电子数据转化为磁信号或光信号,并存储在某种物理介质中。当需要读取数据时,这些设备将存储的信号重新转化为电子数据,供 CPU 处理。

例如,在 HDD 中,数据通过改变磁盘表面的磁性来存储。读取数据时,磁头会检测磁盘表面的磁性变化,将其转化为电子信号。在 SSD 中,数据是通过改变闪存单元的电荷状态来存储的。读取数据时,控制器会检测闪存单元的电荷状态,将其转化为电子信号。

3.存储设备的发展和未来

从早期的磁带和磁盘驱动器,到现代的 HDD、SSD 和云存储,存储设备已经取得了显著的进步。今天,我们可以在小巧的设备上存储和访问海量的数据,而且数据的安全性和可用性也得到了显著的提升。

在未来,新的存储技术(如新型非易失性存储、DNA 存储和量子存储等),有可能进一步提高存储容量和速度,同时降低能耗和成本。这些技术将极大地推动大数据、人工智能和其他高性能计算应用的发展。

总的来说,存储设备是计算机系统的重要组成部分,它为我们提供了持久、可靠和方便的数据存储服务。理解各种存储设备的特性和工作原理,可以帮助我们更有效地选择和使用存储设备,以满足我们的数据存储需求。

(五)输出设备

输出设备是计算机的一种重要硬件,它们将计算机内部处理的信息转化为用户可以理解的形式,如图像、声音或文本等。常见的输出设备包括显示器、扬声器、打印机等。

1. 常见的输出设备

（1）显示器。

显示器（见图1.16）是常用的输出设备，它将计算机处理的图形和文本信息显示为用户可见的图像。显示器一般采用液晶（LCD）或者有机发光二极管（OLED）技术，提供高分辨率和真实色彩的显示效果。

（2）打印机。

打印机（见图1.17）将计算机的数字信息转化为文本形式或图像。常见的打印技术包括喷墨打印、激光打印和热敏打印等。

图1.16　显示器　　　　　　　　图1.17　打印机

（3）扬声器。

扬声器（见图1.18）将计算机产生的音频信息转化为声音。它是音乐播放、视频播放、语音通信等多种应用的重要组成部分。

（4）投影仪。

投影仪（见图1.19）可以将计算机的图像投影到大屏幕上，适用于大型会议、影院等场合。

图1.18　扬声器　　　　　　　　图1.19　投影仪

2.输出设备的工作原理

输出设备的工作原理是将计算机的数字信号转化为人类可以感知的物理信号。例如,显示器将数字图像信号转化为可见光信号;打印机将数字文本或图像信号转化为热敏纸上的图案;扬声器将数字音频信号转化为声音。

通常输出设备通过标准接口(如 VGA、HDMI、USB 等)与计算机连接,接收并处理计算机发出的输出指令。一些输出设备(如网络打印机和无线扬声器等)还可以通过网络连接,实现远程输出和共享输出。

3.输出设备的发展和未来

随着技术的发展,输出设备的性能和质量已经大大提高,同时也出现了各种新型输出设备和新的输出方式。例如,3D 打印机可以将数字模型转化为真实物体;虚拟现实(VR)和增强现实(AR)设备可以提供沉浸式的视觉和听觉体验;语音合成器可以将文本信息转化为自然的语音输出。

随着人工智能、物联网和量子计算等新技术的发展,我们会看到更加智能、个性化和多元化的输出设备。这些设备将使我们的交互方式更加高效,极大地丰富我们的数字生活。

总的来说,输出设备是连接计算机和用户的重要桥梁,它们将计算机的数字信号转化为物理信号,使我们能够利用计算机的强大能力。理解各种输出设备的特性和工作原理,可以帮助我们更好地选择和使用输出设备,提高工作效率。

三、计算机的工作原理

计算机的基本工作过程可以简单地概括为"输入—处理—输出"。

(1)输入。

在输入阶段,输入设备将用户的输入信号(例如键盘输入或鼠标单击)转换为电子信号,并传输给 CPU。

(2)处理。

CPU 接收到输入信号后,根据预先存储在内存中的指令进行处理。处理过程可能包括各种计算和逻辑操作。

(3)输出。

处理完成后,结果被发送到输出设备,将电子数据转换为用户可以理解的形式(例如在显示器上显示文本或图像,或者在打印机上打印文档)。

如果更具体地分析这个过程,计算机的工作原理主要基于冯·诺依曼体系结构。它包括五个部分:输入设备、输出设备、存储器、算术逻辑单元(ALU)以及控制单元，并用于以下过程。

（一）输入

计算机的工作过程始于接收输入。输入设备（如键盘、鼠标、触摸屏等）将外部世界的信息转化为计算机可以识别的数字信号，这些信号通常以二进制形式存在。这个过程称为数字化，因为它将实际的物理数据（如图像、声音等）转化为数字形式，以便计算机能够读取和处理。

（二）存储

数字化的信息被存储在计算机的内存中。这些数据可以直接被 CPU 处理，或者被保存在磁盘上以供后续使用。计算机的存储系统用于保存程序和数据。程序是一系列指示计算机如何执行特定任务的指令，数据是程序处理的信息。

（三）处理

处理过程是计算机的核心工作，主要在 CPU 中进行。CPU 是一款复杂的集成电路，能够执行各种操作，例如算术运算（加、减、乘、除）和逻辑运算（与、或、非）等。这些运算和操作被称为指令集。CPU 根据内存中的指令，对输入的数据进行处理。

CPU 中的两个主要部分是算术逻辑单元（ALU）和控制单元。ALU 执行算术运算和逻辑运算，而控制单元负责协调和控制计算机系统的所有操作，包括指令的获取、解码和执行。

（四）输出

处理完成后，计算机将结果输出。输出可以以各种形式存在，如文本、图像、声音等。常见的输出设备包括显示器、打印机、扬声器等。输出设备将计算机的数字信号转化为用户可以理解和利用的信息。

（五）重复

完成一次输入、存储、处理和输出的循环后，计算机就准备开始下一轮的循环，持续进行数据的处理和操作。

需要注意的是，计算机执行上述步骤的速度非常快。现代计算机的处理器能够在一秒钟内执行数十亿次的运算。

这就是计算机工作原理的基本过程。每一步都非常重要，并且需要精确地执行。了解此过程是理解计算机如何工作的关键。

任务2 计算机中的信息表示

一、二进制系统的基础

在我们的日常生活中,最常用的数制系统是十进制系统,这是一个基数为 10 的数制系统,其中包含 10 个数字:0 到 9。然而,在计算机的世界中,最基本的数制系统是二进制系统。二进制系统是一个基数为 2 的数制系统,包含两个数字:0 和 1。它可能看起来非常简单,但事实上,二进制系统是计算机科学与技术的基础,也是所有电子设备的工作原理的基础。因此,理解二进制系统对于理解计算机和信息技术的工作方式至关重要。

(一)二进制系统的理解

二进制系统是一种使用 0 和 1 两个数来表示数值的系统。在这个系统中,每一位的数值代表 2 的某个幂次,位数从右向左依次增大。例如,二进制数 1011 可以被解读为 $1\times2^3+0\times2^2+1\times2^1+1\times2^0$,换算成十进制数为 11。

在计算机中,二进制系统有非常重要的地位,因为它是数字电子设备和计算机硬件内部通信的基础。这主要是因为二进制系统的数字 0 和 1 可以很容易地与电子设备的两种状态相对应:开(1)和关(0)。因此,使用二进制系统,我们可以通过电压的高低或开关的开闭来表示和处理信息。

在计算机中,最基础的信息单位是比特(bit)。二进制数字的值只能为 0 或 1。所有的计算机数据,无论是文字、图像、声音还是程序,都被编码为比特的序列进行存储和处理。字节(byte)是最常用的计算机数据单位,一个字节等于 8 个比特,这也意味着一个字节可以表示 $2^8=256$ 种不同的信息。

(二)二进制和十进制的转换

在实际应用中,数字经常需要在二进制和十进制之间互相转换。转换的方法主要有两种:二进制转十进制和十进制转二进制。

二进制转十进制的方法是对每个数字的二进制位进行加权求和,权值为 2 的 n 次方,n 为该位的位置减 1。例如,二进制数 1011 转换为十进制数是 $1\times2^3+0\times2^2+1\times2^1+1\times2^0=8+0+2+1=11$。

十进制转二进制是采取"除 2 取余,逆序排列"法,即连续除 2 取余,直到商为

0，然后将余数倒序排列。比如，十进制数13转换为二进制数是除2得6余1，再除2得3余0，再除2得1余1，再除2得0余1，将余数倒序得1101。

（三）二进制的运算规则

二进制的运算规则与十进制类似，但只涉及0和1两个数字。二进制的加法和减法可以通过真值表来理解，乘法和除法则可以通过重复的加法和减法来完成。在计算过程中，我们需要注意进位和借位。

二进制加法的规则是0加0得0，0加1得1，1加0得1，1加1得0进1。二进制减法的规则是0减0得0，1减0得1，1减1得0，0减1得1借1。二进制乘法的规则是0乘以任何数得0，1乘以1得1。二进制除法的规则是任何数除以0是未定义的，0除以任何数得0，1除以1得1。

通过理解二进制系统和它的运算规则，我们可以更深入地理解计算机的工作原理，并能更有效地进行编程和数据处理。

二、计算机中的数字表示

计算机使用特殊的数字系统来表示和处理所有类型的数据。数字在计算机中可以表示为整数、浮点数、有符号数或无符号数。对于文本、图像和声音等非数字数据，计算机会将其编码成数字进行处理。因此，理解计算机中的数字表示方式对于理解计算机的工作方式至关重要。

（一）整数的表示：二进制补码系统

在计算机中，整数通常用二进制补码系统来表示。补码系统是一种使用二进制位模式来表示整数的方式，它能够表示正数、零和负数，并支持加法和减法运算。

补码系统的基本思想是：正数的补码就是其二进制表示，负数的补码是对其绝对值的二进制表示取反后加1。例如，对于一个8位的补码系统，+5的二进制表示是00000101；-5的二进制表示是：取+5的二进制表示的反码11111010，再加1得到11111011。

补码系统的一个重要特性是它使负数的加法和减法运算与正数的加法和减法运算相同，这简化了计算机中的算术运算。补码系统还有一个特性是可以直接表示零，这使得零的运算变得简单。

（二）浮点数的表示

浮点数是计算机中表示实数的一种方法，它包括符号位、指数部分和尾数部分。这使得浮点数可以表示非常大或非常小的数，而且可以表示小数。这是整数无法做到的。

浮点数的表示法是基于科学记数法的。科学记数法是一种表示大数或小数的方式,它表示为一个尾数乘以基数的指数。例如,314159 可以表示为 $3.14159×10^5$,这就是科学记数法的形式。在计算机中,浮点数的表示法与此类似,只是基数变为 2。

在计算机中,最常用的浮点数表示标准是 IEEE 754 标准。这个标准定义了单精度和双精度两种浮点数格式,它们分别用 32 位和 64 位来表示一个浮点数。

(三)计算机中的算术运算

计算机中的算术运算主要包括加法、减法、乘法和除法,这些运算都可以用二进制的位操作来实现。计算机使用硬件电路(如加法器和乘法器)来执行这些运算。这些硬件电路可以在一个时钟周期内完成一个运算,使得计算机的运算速度非常快。

除了基本的算术运算,计算机还支持位移运算、比较运算、逻辑运算等操作。这些操作都是基于二进制位模式的,它们在计算机科学中有广泛的应用,如数据加密、错误检测和校正、图像和声音的处理等。

通过理解计算机中的数字表示方式和算术运算,可以更深入地理解计算机的工作原理,提高编程和数据处理能力。

三、计算机中的文本和字符表示

在计算机科学中,字符和文本的表示是计算机编程的基础,也是我们与计算机交互的主要方式。本小节将详细讨论文本和字符在计算机中是如何被表示和编码的。

(一)ASCII 编码

ASCII(American standard code for information interchange,美国信息交换标准代码)是一种基于拉丁字母的字符编码系统,它是最早的计算机字符编码标准。ASCII 使用 7 位二进制数来表示一个字符,可以编码 128 个不同的字符,其中包括英文大写和小写字母、数字 0~9、标点符号以及一些非打印的控制字符(如换行、退格、响铃等)。

ASCII 在早期计算机系统中被广泛使用,特别是在个人电脑和工作站上。尽管现在有了更先进的字符编码系统,但 ASCII 仍然在很多地方被使用。

ASCII 编码的一个主要限制是它不能表示非拉丁字母的字符,如中文、日文、阿拉伯文等。为了解决这个问题,一些扩展的 ASCII 编码被提出,它们使用 8 位二进制数,可以编码 256 个字符。

（二）Unicode 编码

为了能够表示所有语言的字符，Unicode 编码系统被提出。Unicode 是一个全球统一的字符编码系统，它用 16 位或更多的二进制数来表示一个字符，可以编码超过十万种不同的字符。

Unicode 包括了 ASCII 编码，因此它是 ASCII 编码的超集。这意味着所有的 ASCII 字符在 Unicode 中都有相同的编码。这使得 ASCII 编码的软件可以很容易地转换为 Unicode 编码。

UTF-8 是 Unicode 的一种实现方式，它是一种可变长度的字符编码系统，用 1 到 4 个字节来表示一个字符。UTF-8 的优点是它兼容 ASCII 编码，并且可以有效地表示任何 Unicode 字符。这使得 UTF-8 在互联网和多语言环境中得到了广泛的应用。

（三）其他文本编码系统

除了 ASCII 和 Unicode，还有一些其他的文本编码系统，主要用于特定的语言或地区。例如，GB2312、GBK 和 GB18030 是用于表示中文字符的编码系统。它们使用双字节编码，可以表示近两万种不同的汉字。

这些编码系统的出现和发展反映了计算机信息处理的多样性和复杂性。在实际的编程和数据处理中，我们需要根据具体的情况选择合适的字符编码系统。

了解和理解这些编码系统是计算机科学和编程的基础。它们不仅影响我们与计算机的交互方式，也影响我们处理和传输数据的方式。

四、计算机中的图像和音频表示

随着科技的进步，计算机已经超越了最初仅处理文字和数字的范畴，现在已经能够处理各种各样的多媒体数据，包括图像和音频。以下介绍计算机是如何表示和处理这些数据的。

（一）位图和像素

位图是一种图像表示方式，它是由一个个称为像素（pixel）的点组成的。每一个像素都包含一个颜色信息，图像中的颜色和细节则取决于这些像素的颜色和排列方式。

每个像素的颜色由颜色深度决定，颜色深度是指用于表示单个像素颜色的位数。例如，一幅 24 位颜色深度的图像，每个像素由 24 位的数据表示，通常这 24 位被分为三个部分，分别表示红、绿、蓝三原色，每种颜色占 8 位。颜色深度越大，图像可以展示的颜色种类越多,图像的颜色也就越真实丰富。

(二)颜色深度和颜色模型

在计算机图形中,颜色模型是用来表示颜色的数学模型。RGB 是最常用的颜色模型,其中 R、G、B 分别代表红色、绿色和蓝色。通过调整 R、G、B 三个通道的数值,可以表示出所有的颜色。

另一个常见的颜色模型是 CMYK,它主要用于印刷行业,CMYK 分别代表青色、洋红、黄色和黑色。这四种颜色组合可以生成大部分颜色,但是由于印刷颜色的物理特性,无法生成 RGB 模型中的所有颜色。

(三)图像压缩技术

图像数据通常非常大,因此在存储和传输图像时,通常需要使用压缩技术。常见的图像压缩格式有 JPEG、PNG 和 GIF 等。

JPEG 是一种有损压缩技术,它通过去除人眼不易察觉的细节来减少数据量。PNG 是一种无损压缩技术,它保留了图像的所有细节,但压缩比不如 JPEG 高。GIF 同样是无损压缩,但只支持 256 种颜色,适合用于简单的动画。

(四)数字音频和采样理论

音频在计算机中通常以数字形式表示。模拟音频信号首先经过采样和量化过程转化为数字信号,然后才能被计算机处理。

采样理论是数字音频的基础,它告诉我们如何正确地从连续的模拟信号中取样以得到可以准确还原的数字信号。根据奈奎斯特采样定理,采样频率至少要达到信号最高频率的两倍,才能无失真地恢复原始信号。

(五)音频编码和压缩技术

由于音频数据量大,所以需要使用编码和压缩技术来减少存储和传输的数据量。常见的音频编码格式有 MP3、AAC、WAV 和 FLAC 等。

MP3 和 AAC 都是有损压缩技术,它们通过去除人耳听不到的音频信息来减少数据量。WAV 通常是无压缩的,保留了音频的所有细节,但数据量大。FLAC 是无损压缩技术,它能在保留所有细节的同时减少数据量。

总的来说,无论是图像还是音频,都是由数字信息构成的,只是这些信息在处理和展现的方式上有所不同。理解这些基本概念和原理,是进一步理解计算机处理多媒体数据的基础。

任务 3　了解计算机的前沿技术

一、人工智能和机器学习

人工智能和机器学习是当今计算机科学的前沿领域，已广泛应用于各行各业。下面我们将详细介绍这两个概念。

（一）什么是人工智能

人工智能（artificial intelligence，AI）是一个以计算机科学为基础，由计算机、心理学、哲学等多学科交叉融合的交叉学科、新兴学科，研究、开发用于模拟、延伸和扩展人的智能的理论、方法、技术及应用系统的一门新的技术科学（见图1.20）。根据这种智能的实现方式和表现形式，人工智能可以分为弱人工智能和强人工智能。弱人工智能是专门设计来执行特定任务的智能，例如语音识别或图像识别。而强人工智能，也被称为全人工智能，是指机器拥有与人类相似的思考和理解能力，能够执行高难度的任务。

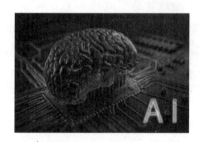

图 1.20　人工智能

（二）机器学习的基本概念

机器学习是实现人工智能的一种方法。它是计算机科学和统计学的交叉领域，关注计算机系统如何从数据中学习模型并进行预测。机器学习可以分为监督学习、无监督学习、半监督学习和强化学习等几种类型。这些类型主要根据是否提供标签信息以及如何提供标签信息来区分。

（三）深度学习与神经网络

深度学习是机器学习的一个分支，是近年来人工智能领域的重要发展。深度学习的核心是神经网络,特别是多层神经网络(也被称为深度神经网络,见图 1.21)。神经网络的灵感来源于生物大脑的神经元系统,由许多的神经元(或称为节点)按照一定的层次结构连接组成。每个神经元会接收到上一层神经元的输入,并经过一定的计算和激活函数处理,产生输出传递到下一层神经元。

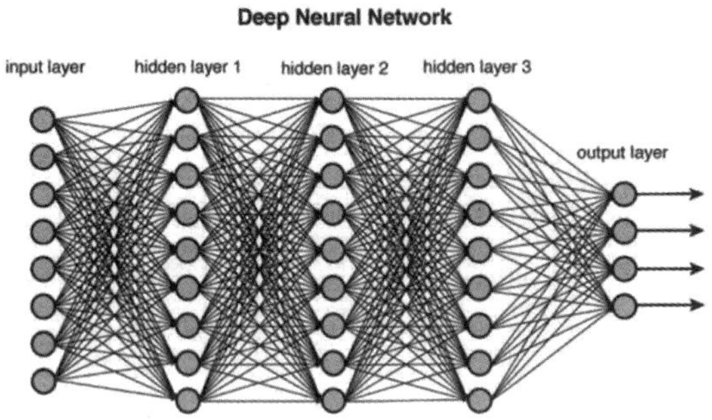

图 1.21　多层神经网络

深度学习的关键在于系统可以自动地从原始输入数据中学习到有用的特征,这个过程被称为特征学习或表示学习。这使得深度学习在很多复杂的任务上,如图像识别、语音识别和自然语言处理等,都取得了显著的成绩。

人工智能和机器学习的发展正在改变我们的生活,它们在许多领域都有广泛的应用,例如,自动驾驶汽车使用机器学习来理解路面状况并做出决策;语音助手使用深度学习来理解我们的指令并提供服务;医疗领域中,AI 被用来诊断疾病,甚至进行手术。随着技术的进步,人工智能和机器学习将更加深入地融入我们的生活,为我们的生活带来更多的便利和可能性。

二、大数据和云计算

大数据和云计算是近年来计算机科学领域的热门话题,它们都在改变我们的生活和工作方式。以下我们将详细介绍这两个概念。

(一)大数据的概念与挑战

大数据(big data)(见图 1.22)是指数据量巨大,无法用传统数据库管理工具进行存储、处理和分析的数据集合。大数据的特性通常被描述为"4V":Volume(数据量大)、Velocity(数据生成速度快)、Variety(数据种类多)、Value(价值密度低)。后来又增加了第五个"V":Veracity(真实性)。它代表着一种新的数据管理和分析方式,旨在从大量复杂的数据中挖掘出有价值的信息和知识。

大数据面临的主要挑战包括如何存储和处理海量数据,如何在短时间内从大

图 1.22　大数据

量数据中提取有价值的信息，如何确保数据的安全和隐私等。为解决这些挑战，人们发展出了一系列的新技术和工具，如 Hadoop、Spark、NoSQL 数据库等。

（二）云计算的概念与应用

云计算（cloud computing）是一种通过互联网提供计算资源和服务的模式（见图 1.23）。用户不需要管理后台的复杂系统和基础设施，只需要通过互联网就能获取和使用所需的资源和服务。云计算的主要特点包括自服务、广泛的网络访问、资源池化、快速弹性和按使用量计费。

图 1.23　云计算

云计算在许多领域都有广泛的应用,例如,企业可以通过云计算平台搭建自己的 IT 系统,而不需要投资大量的硬件设备和软件;个人用户可以通过云存储服务在任何设备上访问和存储自己的文件;科研人员可以通过云计算平台获取强大的计算资源,进行大规模的数据分析和模拟。

(三)大数据与云计算的结合

大数据和云计算是相辅相成的。一方面,云计算为大数据提供了强大的存储和处理能力,使得大数据的存储和分析成为可能;另一方面,大数据也推动了云计算的发展,为云计算提供了大量的应用场景和数据资源。

未来,随着数据量的进一步增长和计算需求的进一步提升,大数据和云计算将得到更深入的融合和发展,进一步释放数据的价值,推动社会的数字化进程。

三、区块链和密码学

区块链和密码学是计算机科学的两个重要分支,它们对于数据的安全性和信任性有着重要的影响。以下我们将详细介绍这两个概念。

(一)区块链的基本概念和应用

区块链(blockchain)是一种分布式数据库技术(见图 1.24),它通过各节点的共同维护,形成了一个去中心化、可验证、不可篡改的数据记录系统。在区块链中,所有的交易或操作记录都被打包成"区块"并连接在一起,形成一个链式的数据结构。每个区块都包含了之前区块的哈希值,这使得数据一旦被写入区块链,就无法进行修改或删除。

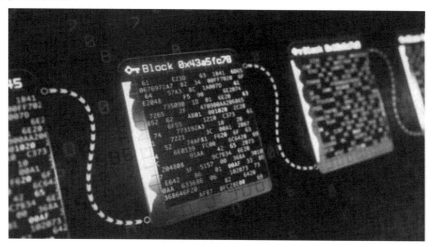

图 1.24　区块链

区块链最初是为比特币这种加密货币服务的,但现在它已被应用于许多领域,如供应链管理、数字身份认证、版权保护等。区块链的应用有望解决数据安全和信任问题,提高交易的透明度和效率。

(二)密码学的基本概念和应用

密码学是一种保护信息安全的技术,它包括加密(将明文转换为密文)和解密(将密文转换为明文)两个过程。密码学的目标是保证信息的保密性(防止未授权访问)、完整性(防止信息被篡改)和可用性(保证信息可以被授权用户访问)。

密码学有很多种分类方法,其中最重要的一种是对称密码和非对称密码。对称密码是指加密和解密使用相同的密钥,如 DES、AES 等;非对称密码是指加密和解密使用不同的密钥,如 RSA、ECC 等。非对称密码的出现,解决了密钥分发的问题,使得安全通信成为可能。

密码学在许多领域都有广泛的应用,例如,在网上购物时,密码学技术就被用来保护信用卡信息;在互联网通信中,密码学被用来保证通信的安全和隐私;在区块链中,密码学被用来确保交易的安全和不可篡改。

(三)区块链与密码学的关系

区块链和密码学是密切相关的。在区块链中,密码学被用来保证交易的安全和不可篡改。每个区块的哈希值就是通过密码学算法计算得出的,这保证了区块链的不可篡改性;此外,区块链中的交易也通过密码学技术进行加密,保证了交易的安全和隐私。

区块链和密码学有望在许多领域发挥更大的作用,如物联网、金融服务、公共服务等,为我们的生活带来更高的安全性和信任性。

四、物联网和量子计算

物联网和量子计算是现在两个最具影响力的前沿技术领域,它们正在逐步改变我们的生活和工作方式。

(一)物联网

物联网(internet of things)是通过将各种物理设备连接到网络,实现设备间信息的交换和共享(见图 1.25)。物联网是互联网的重要组成部分,也是实现智能化、自动化的关键技术。

物联网包括三个基本组成部分:感知层、网络层和应用层。感知层包括各种传感器和设备,用于采集环境数据和设备状态;网络层包括各种通信网络和协议,用于实现设备间的连接和信息传输;应用层则是根据用户的需求,开发出各种物联网应用。

图 1.25 物联网

物联网的应用非常广泛,涵盖了家庭、工业、医疗、交通、环境保护等许多领域。在智能家居中,通过物联网技术,家电设备可以相互连接、协调工作,用户可以通过手机等设备远程控制家电,实现智能化的生活;在工业生产中,通过物联网技术,可以实现设备的远程监控和维护,提高生产效率和安全性;在医疗健康领域,物联网技术可以实现远程医疗、健康监测等功能。

物联网的发展还带来了一些新的挑战,包括设备的安全性、隐私保护、数据分析等问题。这些问题的解决需要各种新的技术和方法,包括更安全的网络协议、更强大的数据处理能力以及更完善的法律法规。

(二)量子计算

量子计算是一种新的计算方式,它利用量子力学的原理进行信息处理。与经典计算相比,量子计算有着更高的计算效率和更大的信息处理能力。

量子计算的基本单元是量子比特(qubit)。与经典比特不同,量子比特可以同时处于 0 和 1 的状态,这种性质被称为叠加态。此外,量子比特之间可以形成一种特殊的关系,称为纠缠态,这使得量子比特之间可以进行非局域的信息交换。这些量子力学的性质为量子计算提供了强大的计算能力。

量子计算的应用前景非常广阔,包括大规模模拟、优化问题求解、加密与解密等。例如，利用量子计算，可以模拟大规模的化学反应，这对于新材料和新药物的研发具有重要的意义；通过量子计算，可以高效地解决一些复杂的优化问题，如物流路径优化、投资组合优化等。

量子计算的研究和发展还面临许多挑战，包括量子比特的稳定性、量子算法的设计、量子计算机的可扩展性等。但随着科技的进步，我们有理由相信，量子计算会在不久的将来实现其巨大的潜力，对社会产生深远的影响。

物联网和量子计算是计算机科学的前沿领域，理解和掌握这两个领域的知识，将有助于我们更好地适应未来的科技发展。

模块 2 Windows 10 操作系统

随着科技的飞速发展,计算机操作系统在我们的日常生活和工作中发挥着越来越重要的作用。作为最流行的桌面操作系统之一,Windows 10 操作系统的重要性不言而喻。本模块将带你走进 Windows 10 操作系统的世界,帮助你掌握它的基本使用和常用功能。

本模块将会深入探讨文件管理、系统设置、应用程序管理等关键环节,培养同学们独立解决问题的能力。通过本模块的学习,同学们将能够更好地理解和掌握 Windows 10 操作系统,从而提升计算机应用技能,为同学们的日常生活和工作带来更多便利。

任务 1　熟悉 Windows 10 操作系统

一、Windows 操作系统的发展历程

自 1985 年微软发布第一款 Windows 操作系统以来,Windows 已经成为全球最受欢迎的计算机操作系统之一。这里将简要介绍 Windows 操作系统的发展历程,从 Windows 1.0 到 Windows 10 的主要版本。

1. Windows 1.0

Windows 1.0 是微软发布的第一个图形用户界面(GUI)操作系统,于 1985 年 11 月发布。相较于之前的 DOS 系统,Windows 1.0 提供了更友好的用户界面,包括桌面、图标、菜单和对话框等元素。它还引入了"窗口"概念,使得用户可以同时

运行多个应用程序。

2. Windows 3.0

Windows 3.0 于 1990 年 5 月发布，相较于 Windows 1.0，它有了更多的功能和改进。Windows 3.0 引入了"开始"菜单，使得用户可以更方便地访问应用程序和文件。此外，它还加强了多媒体和网络功能，提供了更完善的图形界面和稳定性。

3. Windows 95

Windows 95 于 1995 年 8 月发布，它相较于之前的操作系统有了重大的改进。Windows 95 引入了"开始"按钮，使得用户可以更快速地访问应用程序和文件。同时，它还引入了 32 位文件系统，提高了系统的稳定性和效率。

4. Windows 98

Windows 98 于 1998 年 6 月发布，相较于 Windows 95 有了进一步的改进。Windows 98 引入了即插即用（plug and play）技术，使得用户可以方便地添加和删除硬件设备。此外，它还加强了互联网功能，提供了更完善的浏览器和电子邮件客户端。

5. Windows ME

Windows ME（Windows Millennium Edition）于 2000 年 9 月发布，它是 Windows 9x 系列最后一个版本。相较于之前的版本，Windows ME 在多媒体和家庭娱乐方面有了更好的支持。它引入了"欢迎"菜单，可以更加轻松地访问系统和应用程序。

6. Windows 2000

Windows 2000 于 2000 年 2 月发布，它是一款面向商业用户的操作系统。相较于之前的版本，Windows 2000 在稳定性和安全性方面有了更好的表现。它引入了双启动选项，允许用户在 DOS 和 NT 系统之间进行选择。此外，它还加强了文件系统、电源管理和网络连接等方面的功能。

7. Windows XP

Windows XP 于 2001 年 10 月发布，它是一款非常受欢迎的操作系统。相较于之前的版本，Windows XP 在界面、性能和稳定性方面都有了显著的提升。它引入了全新的主题和壁纸，以及改进的防火墙和自动更新功能。此外，它还加强了与移动设备的连接和同步功能。

8. Windows 7

Windows 7 于 2009 年 10 月发布，它是 Windows Vista 的继任者。相较于

Windows Vista，Windows 7在性能和稳定性方面表现更好。它引入了全新的任务管理器、资源管理器和小工具等功能。此外，它还支持触摸板和手写笔，更加适合移动设备使用。

9. Windows 8

Windows 8于2012年10月发布，它是微软对传统桌面操作系统的重大改革。相较于之前的版本，Windows 8引入了全新的磁贴界面和手势控制功能。此外，它还加强了安全性和电源管理方面的功能。虽然一开始受到了不少批评，但Windows 8的创新性仍然为计算机行业带来了重要影响。

10. Windows 10

Windows 10于2015年7月发布。相较于之前的版本，Windows 10在兼容性、稳定性和安全性方面都有了更好的表现。

二、Windows 10操作系统简述

Windows 10操作系统由微软公司于2015年7月29日正式发布。它是微软公司为移动时代打造的一款旗舰级操作系统，旨在为用户提供更加流畅、简单易用和安全可靠的操作体验。Windows 10拥有众多令人瞩目的新功能，其中最值得一提的就是"开始"菜单。"开始"菜单是Windows操作系统中的一项传统特性，而在Windows 10中，"开始"菜单得到了全新的设计和改进。它变得更加动态和个性化，可以快速访问常用应用程序、文件和文件夹。此外，Windows 10还引入了"分屏多任务处理"功能，让用户可以更加高效地同时处理多个任务。

在安全性方面，Windows 10内置了一系列强大的安全特性，包括防火墙、反病毒软件、反间谍软件等。此外，Windows Hello还提供了生物识别技术，如指纹识别和面部识别等，可以更加安全地保护用户的个人信息。

Windows 10加强了与云服务的集成，用户可以轻松地同步文件、联系人、电子邮件和设置等信息。此外，Windows 10还提供了强大的"Cortana"智能助手功能，可以协助用户完成各种任务，如搜索文件、设置提醒、回答问题等。

Windows 10是一款功能强大、易于使用和高度安全的操作系统。它为用户提供了全新的操作体验，让人们可以更加高效、轻松地完成各种任务。无论你是PC用户还是平板电脑用户，Windows 10都能够满足你的需求。

任务 2　设置 Windows 10 个性化工作环境

一、Windows 10 系统常规操作

1. 开机、登陆、注销与关机

（1）开机。

按下电脑的电源键，电脑将自动启动，并加载 Windows 10 系统。

（2）登录。

开机后的界面如图 2.1 所示，单击"登录"，会出现登录界面，输入账户密码，然后按下"Enter"键，就可以进入系统了。

图 2.1　开机后出现的界面

（3）注销。

单击开始菜单的账户图标，然后选择"注销"，就可以退出当前账户。

（4）关机。

单击开始菜单的电源图标，然后选择"关机"，电脑将自动关闭。

2.桌面与任务栏、快速启动、通知区域、操作中心

(1)桌面。

桌面(见图2.2)是我们在电脑上工作的主要界面。我们可以在桌面上放置快捷方式,方便访问常用的文件和程序。

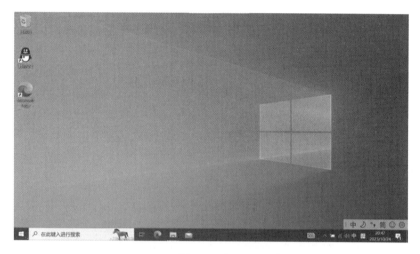

图2.2 桌面

(2)任务栏。

任务栏(见图2.3)位于屏幕底部,包括"开始"按钮、搜索栏、已打开的应用、通知区域和操作中心。

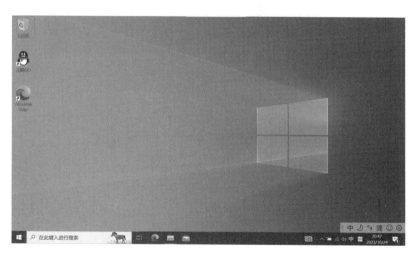

图2.3 任务栏

（3）快速启动。

可以将常用的程序固定在任务栏上，方便快速启动。

（4）通知区域。

通知区域位于任务栏的右侧，用以显示当前的时间、音量、网络状态等信息。

（5）操作中心。

操作中心位于任务栏的最右侧，单击后可以查看各种通知和快速设置。

3. 开始菜单、程序启动、设置搜索

（1）开始菜单。

单击任务栏的开始按钮，会弹出开始菜单（见图 2.4）。开始菜单包括程序列表、磁贴区和设置搜索栏。

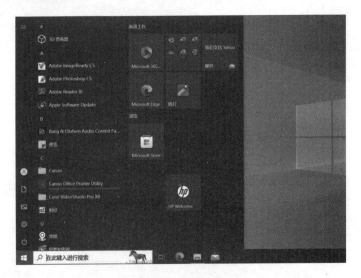

图 2.4 开始菜单

（2）程序启动。

在程序列表中，单击一个程序，就可以启动它。

（3）设置搜索。

在搜索栏中输入关键字，系统会自动搜索相关的设置和文件。

4. 访问和组织文件与文件夹

文件资源管理器（见图 2.5）是 Windows 10 中用于管理文件和文件夹的工具。通过文件资源管理器，可以查看、复制、移动、删除文件，创建和组织文件夹。

5. 常用的应用程序

Windows 10 系统预装了一些常用的应用程序，包括 Edge 浏览器、邮件、音乐、

图 2.5　文件资源管理器

照片和商店,我们可以通过"开始"菜单或任务栏快速启动这些应用程序,如图 2.6 所示。

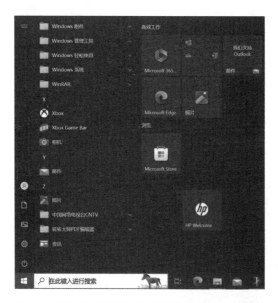

图 2.6　通过开始菜单或任务栏快速启动应用程序

6.常用的工具

Windows 10 系统也提供了一些常用的工具,如记事本、画图、计算器和命令提示符。记事本和画图可以用于文本编辑和简单的图像编辑;计算器可以进行各种数学计算（见图 2.7）；命令提示符则提供了一种基于文本的操作界面，适合高级用户使用。通过"开始"菜单打开"运行"对话框（见图 2.8），在"运行"对话框中输入"cmd"并按"Enter"键，即可打开命令提示符。

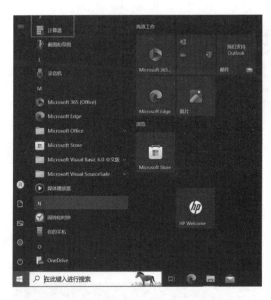

图 2.7　计算器在"开始"菜单中的位置

图 2.8　通过"开始"菜单打开"运行"对话框

7. 窗口操作与多任务处理

(1)打开窗口:在桌面或"开始"菜单中,点击应用程序图标,或使用快捷键"Windows 键+X"或"Windows 键+D"打开桌面。在任务栏上点击应用程序图标,或使用快捷键"Windows 键+Tab"打开应用程序窗口。

(2)窗口的控制按钮:最大化、最小化、关闭窗口等。

(3)多任务处理:通过任务栏切换多个窗口,或使用快捷键"Windows 键+Tab"打开任务视图,查看所有打开的窗口,并轻松切换和管理任务。

8. 文件搜索与索引功能介绍

(1)文件搜索:在 Windows 10(以下简称 Win10)系统中,可以通过任务栏上的搜索框或文件资源管理器中的搜索框来搜索文件。只需输入文件名或关键词,Win10 系统就会在索引中查找并列出相关结果。

(2)索引功能:Win10 系统会对文件和文件夹进行索引,以便更快地搜索到需要的内容。索引是 Win10 系统优化存储和提高搜索速度的关键技术。

(3)搜索设置:可以通过"控制面板"中的"索引选项"来调整索引设置,包括添加或删除索引文件夹、重建索引等。

9. 数码设备同步与共享

(1)设备的同步:Win10 系统支持各种设备的同步,如手机、平板、笔记本电脑等。只需将设备连接到同一网络下,并在设备上启用同步功能,Win10 系统就可以将文件和设置同步到这些设备上。

(2)文件共享:Win10 系统允许在家庭网络或工作网络中共享文件和文件夹。只需右键点击需要共享的文件或文件夹,选择"共享",然后选择要共享的设备或用户即可。

(3)打印机共享:Win10 系统支持打印机共享,可以让多台电脑共享一台打印机,节省硬件资源。只需在打印机设置中启用共享功能,并在需要使用的电脑上添加共享打印机即可。

10. 账户与安全设置

(1)用户账户:Win10 系统支持多用户账户,每个账户可以拥有自己的个性化设置和文件,可以通过"控制面板"中的"用户账户"来创建和管理账户。

(2)安全设置:Win10 系统提供了多种安全功能,如防火墙、病毒防护、密码保护等,可以通过"控制面板"中的"系统和安全"来调整安全设置,保护电脑免受恶意攻击。

(3)密码策略:为了增强账户安全性,建议定期更改密码,并使用强密码(包含大小写字母、数字和特殊字符的密码)。同时,开启双重验证功能,防止他人非法访问你的账户。

11. 系统维护与优化

(1)磁盘清理:定期使用磁盘清理工具清理临时文件、系统日志、回收站等无用数据,以释放磁盘空间。

(2)更新与升级:Win10 系统会自动更新系统和应用程序,以确保系统的稳定性和安全性。请确保定期检查并安装更新。

(3)系统性能优化:通过"任务管理器"监控系统资源使用情况,关闭不必要的后台程序以节省资源。同时,优化系统设置以提升性能(如关闭视觉效果、禁用自动播放等)。

(4)驱动程序更新:定期检查并更新显卡、声卡、网卡等设备的驱动程序,以确保系统最佳性能和兼容性。

12. 系统备份与还原

(1)备份重要性:在操作电脑过程中,由于病毒攻击、误操作等原因,可能会导致系统崩溃或数据丢失。备份可以确保数据安全,并帮助用户快速恢复系统。

(2)备份方法:用户可以使用 Win10 系统自带的备份功能或第三方备份软件进行系统备份。在备份过程中,选择一个可靠的存储位置(如外部硬盘或云存储)。

(3)还原方法:当系统出现问题时,用户可以使用备份文件快速还原系统到之前的状态。在还原过程中,按照提示选择之前备份的文件,并等待还原过程完成。

(4)注意事项:为了确保备份的有效性,建议定期检查备份文件是否存在,并保持备份文件的最新。

13. 学习资源推荐

(1)Microsoft 官方网站:微软官方网站提供了 Win10 系统的详细使用指南、下载和更新信息等资源。用户可以通过访问官方网站获取最新信息。

(2)Windows 帮助和支持:Win10 系统内置了帮助和支持功能,你可以通过搜索关键字或查看相关问题获得解决方案和操作指导。

(3)在线视频教程:互联网上有很多关于 Win10 系统基础操作的视频教程,这些教程由专业人士制作并提供了详细的步骤指导。用户可以通过搜索引擎或在线教育平台搜索并观看相关视频。

(4)用户社区论坛:参加 Win10 系统用户社区论坛可以与他人交流经验、分享问题和解决方案。一些知名的用户社区论坛包括 Tom's Hardware、Windows Central 等。

14. 系统故障排除

(1)蓝屏死机:Win10 系统可能会出现蓝屏死机的情况,通常是由于系统文件损坏、驱动程序不兼容等原因引起的。可以尝试更新系统文件、禁用启动项或重新安装驱动程序等方法解决。

（2）应用程序崩溃：应用程序崩溃可能是由于软件冲突、缺少文件等原因引起的。可以尝试重新安装应用程序、更新驱动程序或查看软件兼容性等方法解决。

（3）网络连接问题：Win10系统的网络连接可能会出现问题，导致无法上网或网络连接不稳定。可以尝试检查网络设置、更新网卡驱动程序或联系网络供应商等方法解决。

（4）声音问题：Win10系统可能会出现声音问题，如无声音、声音失真等。可以尝试检查音频设备设置、更新声卡驱动程序或重新安装音频播放软件等方法解决。

15. 优化加速 Win10 系统

（1）关闭无用程序：打开任务管理器，查看正在运行的程序，关闭无用程序可以释放系统资源，提高系统运行速度。

（2）清理垃圾文件：使用系统自带的磁盘清理工具，或者安装第三方清理软件，定期清理系统垃圾文件，包括临时文件、回收站文件等。

（3）禁用多余服务：在开始菜单的搜索栏中输入"服务"，打开服务窗口，禁用多余的服务，可以提高系统运行速度。

（4）更新驱动程序：定期检查并更新驱动程序，以确保硬件设备与 Win10 系统的最佳兼容性。

（5）调整视觉效果：在系统属性中，调整视觉效果为最佳性能，可以减少系统资源的消耗。

二、Windows 10 个性化设置

用户可以按照以下方法来设置 Windows 10 个性化工作环境。

1. 更换桌面背景

在桌面空白处单击鼠标右键，在弹出的菜单（见图 2.9）中选择"个性化"，然后在弹出的对话框（见图 2.10）中选择想要的背景图片，来更换桌面背景。或者，我们也可以直接在搜索引擎中搜索图片，然后右键单击该图片，选择"设置为桌面背景组合"。

2. 调整窗口颜色

调整窗口颜色可以在"个性化"设置中选择"颜色"（见图 2.11），然后选择所喜欢的主题颜色；或者在"选择颜色"下拉框中选择"自定义"，然后自定义喜欢的颜色，从而调整窗口颜色。

图 2.9　在桌面空白处单击鼠标右键弹出的菜单

图 2.10　选择"个性化"后弹出的菜单

3. 设置屏幕保护程序

如图 2.12 所示，我们可以在"个性化"设置中选择"锁屏界面"，然后选择喜欢的屏幕保护程序，还可以调整其设置以符合需求。

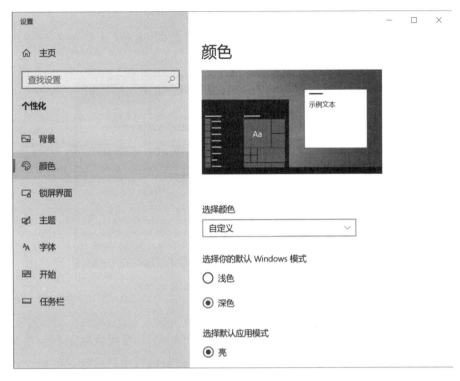

图 2.11　窗口颜色调整

图 2.12　屏幕保护程序设置

4.调整声音和声音效果

如图 2.13 所示，我们可以在"个性化"设置中选择"主题"→"声音"，在弹出的"声音"对话框中对声音进行更详细的设置。

图 2.13 声音和声音效果调整操作

5.调整键盘和鼠标

我们可以选择"开始"菜单→"设置"→"设备"→"输入"，来调整键盘的布局和灵敏度；可以选择"开始"菜单→"设置"→"设备"→"鼠标"，进行鼠标灵敏度的调整（见图 2.14），还可以在"个性化"设置中选择"鼠标"，然后对鼠标进行调整。

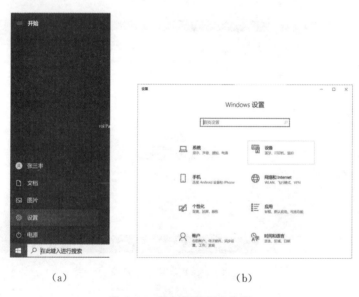

（a）   （b）

图 2.14 鼠标调整操作步骤

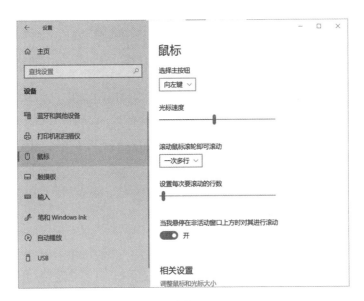

（c）

续图 2.14

6.调整电源选项

我们可以选择"开始"菜单→"设置"→"系统"→"电源和睡眠"，如图 2.15 所示，然后调整电源设置。

（a）

（b）

图 2.15 电源选项调整操作

（c）

续图 2.15

7. 添加和删除桌面应用程序图标

　　添加桌面应用程序图标可以在桌面空白处单击鼠标右键，选择"个性化"，然后在任务栏属性中选择任务栏按钮为"始终合并"，如图 2.16 所示。也可以通过鼠标拖动应用程序图标放置到任务栏上。如果想要删除任务栏上的应用程序图标，只需要右键单击该图标，然后选择"从任务栏取消固定"即可，如图 2.17 所示。

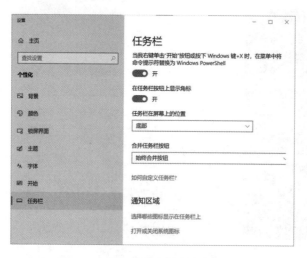

图 2.16　添加桌面应用程序图标操作

图 2.17　删除桌面应用程序图标操作

8.调整任务栏大小和位置

　　我们可以通过拖动任务栏的边缘来调整其大小。如果我们想要改变任务栏的位置,只需要在任务栏空白处右键单击,然后选择"属性",在弹出的窗口中选择"任务栏位置",然后选择希望的位置即可。

　　任务栏位置设置对话框如图 2.18 所示。

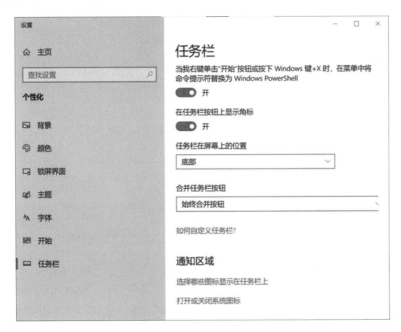

(a)

图 2.18　任务栏位置设置对话框

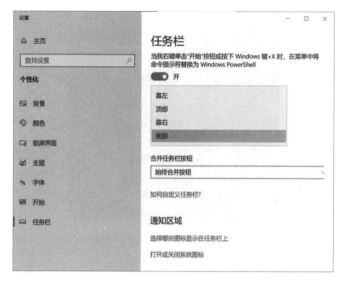

（b）

续图 2.18

9. 调整"开始"菜单

选择"开始"菜单→"设置"→"个性化"→"开始"，来进行"开始"菜单的设置，如图 2.19 所示。

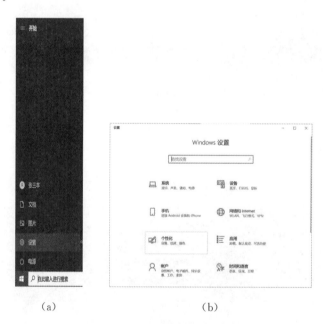

（a）　　　　　　　　　（b）

图 2.19　调整"开始"菜单操作

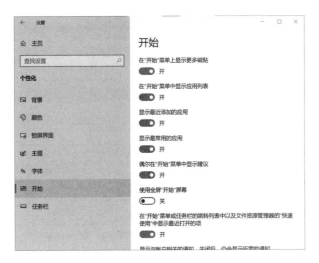

（c）

续图 2.19

【电脑桌面通用技巧】

快捷键	功能
Alt＋F4	关闭当前窗口
Alt＋空格键＋C	关闭窗口
Alt＋空格键＋N	最小化当前窗口
Alt＋Esc	按顺序切换程序窗口
Alt＋空格键＋X	最大化当前窗口
Alt＋Tab	两个程序切换
Ctrl＋Shift	输入法切换
Ctrl＋空格键	中英文切换
Ctrl＋Esc	显示开始菜单
Ctrl＋拖动文件	复制文件
Ctrl＋Shift＋Esc	任务管理器
Delete	删除文件（放入回收站）
Shift＋Delete	永久删除文件（不放回收站）

续表

快捷键	功能
PrtSc	快速截屏

【键盘上英文键的含义】

英文键	含义
Esc	退出键
Tab	制表键
CapsLock	大写锁定键，用于切换大小写字母
Shift	上档键，用于输入键盘上边的字符
Ctrl	控制键，一般与其他键或鼠标组合使用
Alt	转换键，一般与其他键组合使用
Win	Win 键，一般与其他键组合使用
Backspace	退格键
Enter	回车键，用于确认或换行
PrintScreen′SysRq	截屏键、打印屏幕键，用于截取全屏图
ScrollLock	滚动锁定键
Pause′Break	暂停键
Insert	插入键
Delete	删除键，和 Del 键相同
Home	行首键，将光标移动到本行字的开头
End	行尾键，将光标移动到本行字的结尾
PageUp	上页键，向上翻页
PageDown	下页键，向下翻页
F1~F12	功能键，不同的软件具有不同的功能
NumLock	数字锁定键，开启或关闭小键盘上的数字

【练习题】

1. Windows 10 属于(　　)。

A. 桌面操作系统　　　　　　　　B. 移动操作系统

C. 服务器操作系统　　　　　　　D. 物联网操作系统

2. Windows 10 是(　　)公司的产品。

A. Microsoft(微软)　　　　　　B. Apple(苹果)

C. Google(谷歌)　　　　　　　D. Mozilla Fire fox(火狐)

3. Windows 10 发布于(　　)。

A. 2014 年　　　　　　　　　　B. 2015 年

C. 2016 年　　　　　　　　　　D. 2019 年

4. Windows 10 有(　　)。

A. Windows 10 家庭版　　　　　B. Windows 10 专业版

C. Windows 10 企业版　　　　　D. Windows 10 教育版

5. 以下关于 Windows 10 操作系统的特点或功能的说法,正确的是(　　)。

A. Windows 10 操作系统具有全新的启动菜单以及全新的文件管理器窗口

B. Windows 10 操作系统支持多桌面功能,可以同时运行多个桌面环境

C. Windows 10 操作系统支持自带的微软拼音输入法,可以方便地输入中文

D. Windows 10 操作系统支持跨设备同步功能,可以方便地将文件同步到其他设备

6. Windows 10 的桌面包括(　　)。

A. 桌面背景　　　B. 开始菜单　　　C. 任务栏　　　　D. 通知中心

7. 在 Windows 10 中,创建新的文件夹的方法是(　　)。

A. 在文件资源管理器中,单击右键空白区域,然后选择"新建"→"文件夹"

B. 在桌面空白区域,单击右键并选择"新建"→"文件夹"

C. 在开始菜单中搜索"文件夹",然后创建新的文件夹

D. 在通知中心中点击"新建文件夹"按钮

8. 在 Windows 10 中,通过(　　)进行窗口的切换。

A. 按 Tab 键　　　　　　　　　B. 按 Ctrl+Tab 键

C. 按 Alt+Tab 键　　　　　　　D. 按 Ctrl+Esc 键

9. Windows 10 中的"设置"应用主要用于(　　)。

A. 设备设置和管理　　　　　　　B. 系统设置和管理

C. 应用设置和管理　　　　　　　　　D. 网络设置和管理

10. 在 Windows 10 中，更改计算机名称的方法是（　　）。

A. 在开始菜单中搜索"计算机名称"，然后进行更改

B. 在控制面板中搜索"计算机名称"，然后进行更改

C. 在"设置"应用中的"系统"选项下，可以找到并更改计算机名称

D. 在通知中心中点击"计算机名称"按钮进行更改

11. Windows 10 中的"Microsoft Edge"浏览器的特点是（　　）。

A. 支持网页缩放　　　　　　　　　　B. 支持插件扩展

C. 支持阅读模式　　　　　　　　　　D. 以上全部都是

12. 在 Windows 10 中，打开"Microsoft Edge"浏览器的方法是（　　）。

A. 在开始菜单中搜索"Microsoft Edge"并打开

B. 在任务栏的搜索框中输入"Microsoft Edge"并打开

C. 在桌面上找到"Microsoft Edge"快捷方式并双击打开

D. 以上方法均可打开"Microsoft Edge"浏览器

13. Windows 10 中的"Windows Store"主要用于下载和安装（　　）。

A. 应用程序　　　　　　　　　　　　B. 游戏

C. 音乐和电影　　　　　　　　　　　D. 以上全部都是

14. 在 Windows 10 中，更改桌面背景的方法是（　　）。

A. 在桌面空白区域单击右键，选择"个性化"→"背景"进行更改

B. 在开始菜单中搜索"背景"，然后进行更改

C. 在任务栏的搜索框中输入"背景"，然后进行更改

D. 在通知中心中点击"背景"按钮进行更改

15. Windows 10 中的"Task View"主要用于实现（　　）。

A. 多桌面管理　　　　　　　　　　　B. 应用程序管理

C. 文件管理　　　　　　　　　　　　D. 系统设置管理

16. 在 Windows 10 中，使用"Task View"切换不同的桌面的方法是（　　）。

A. 在任务栏的搜索框中输入"Task View"，然后切换不同的桌面

B. 在开始菜单中搜索"Task View"，然后切换不同的桌面

C. 在桌面空白区域右键单击，选择"Task View"，然后切换不同的桌面

D. 以上方法均可

17. Windows 10 中的"ActionCenter"主要用于（　　）。

A. 设备设置和管理　　　　　　　　　B. 系统设置和管理

C. 应用设置和管理　　　　　　　　D. 通知中心

18. 在 Windows 10 中，打开"ActionCenter"的方法是（　　）。

A. 在开始菜单中搜索"ActionCenter"并打开

B. 在任务栏的搜索框中输入"ActionCenter"并打开

C. 在桌面空白区域单击右键，选择"ActionCenter"并打开

D. 以上方法均可

19. Windows 10 中的"Cortana"的作用是（　　）。

A. 搜索和查找文件　　　　　　　　B. 搜索和查找应用程序

C. 搜索和查找网页信息　　　　　　D. 以上全部都是

20. 在 Windows 10 中，使用"Cortana"进行搜索的方法是（　　）。

A. 在开始菜单中搜索框中输入关键词，然后选择"Cortana"进行搜索

B. 在任务栏的搜索框中输入关键词，然后选择"Cortana"进行搜索

C. 在桌面空白区域单击右键，选择"Cortana"进行搜索

D. 以上方法均可

21. Windows 10 中的"Windows Hello"的作用是（　　）。

A. 用于登录和解锁计算机的生物识别技术

B. 用于设置计算机名称和密码的技术

C. 用于备份和还原计算机数据的工具

D. 用于管理和设置计算机硬件的技术

22. 在 Windows 10 中，使用"Windows Hello"进行生物识别登录的方法是（　　）。

A. 在开始菜单中搜索"Windows Hello"，然后进行设置和登录

B. 在任务栏的搜索框中输入"Windows Hello"，然后进行设置和登录

C. 在桌面空白区域单击右键，选择"Windows Hello"，然后进行设置和登录

D. 以上方法均可

23. Windows 10 中的"Microsoft Store"与之前的 Windows 应用商店的不同之处在于（　　）。

A. Microsoft Store 提供了更广泛的软件和游戏选择

B. Microsoft Store 中的所有应用都经过微软的官方审核

C. Microsoft Store 中的应用都是免费的

D. 以上全部都是

24. 在 Windows 10 中，从 Microsoft Store 下载和安装应用的方法是（　　）。

A. 在开始菜单中搜索框中输入应用名称,然后从 Microsoft Store 下载和安装

B. 在任务栏的搜索框中输入应用名称,然后从 Microsoft Store 下载和安装

C. 在桌面空白区域单击右键,选择"Microsoft Store",然后从列表中选择应用下载和安装

D. 以上方法均可

25. Windows 10 中的"RemoteDesktop"可以用于(　　　)。

A. 远程协助他人解决计算机问题

B. 在家中远程访问办公室的计算机

C. 与他人共享自己的计算机屏幕

D. 以上全部都是

模块 3 WPS 文字的应用

学习目标

在当今这个信息化的社会,信息处理和文档编辑成为我们日常生活和工作中不可或缺的一部分。无论是在学习、工作还是在个人生活中,我们都需要创建、编辑、分享各种类型的文档。因此,掌握一个强大的文字处理工具,如 WPS 文字,就显得至关重要。

WPS Office 是一款由金山软件股份有限公司开发的办公软件,它集成了文字处理、表格制作和演示文稿等多项功能。以下是关于 WPS Office 软件的概述。

(1)功能强大:WPS Office 包含了 WPS 文字、WPS 表格和 WPS 演示三大功能模块,可以满足日常办公的文字编辑、表格处理、演示文稿制作等多种需求。

(2)轻巧便捷:WPS Office 占用的内存相对较小,启动快速、操作简单,对计算机资源占用较小,使用起来非常便捷。

(3)界面美观:WPS Office 的界面采用了扁平化设计,色彩丰富、布局合理,使用户在使用过程中感到愉悦。

(4)高兼容性:WPS Office 支持多种文件格式,包括 doc、docx、ppt、pptx、xls、xlsx 等,与 Microsoft Office 完全兼容,方便用户在不同软件之间进行文件交换。

(5)云端共享:WPS Office 提供了文档云功能,可以将文档保存到云端,方便用户在不同设备上随时随地阅读、编辑和保存文档,还支持将文档共享,方便团队协作。

(6)跨平台应用:WPS Office 兼容 Windows、MacOS、Linux、Android、iOS 等多个平台,无论是哪种操作系统,都可以方便地使用 WPS Office 进行办公。

简言之,WPS Office(以下简称 WPS)是一款功能强大、操作便捷、界面美观、高兼容性、云端共享的办公软件,适用于不同领域和行业的用户。

在本模块的学习中,要求同学们掌握 WPS 文字的基本操作和应用,具体包括制作培训通知、制作办公用品采购清单、制作新店开业宣传海报、制作员工手册等任务。通过这些任务，我们可以掌握创建、编辑、格式化文档的技巧，同时也能学会使用各种高级功能，如使用表格、图片、图形等元素来丰富文档内容，使用样式和主题来改进文档外观，使用审阅和跟踪更改功能来协作编辑文档。

学习该模块的主要目的和意义如下。

(1)提高信息处理能力：通过学习 WPS 文字的基本操作和应用，我们可以更高效地处理文本信息，无论是创建、编辑还是分享文档，都能更好地完成。

(2)提升工作效率：掌握 WPS 文字的各种功能和技巧，可以显著提升工作效率。如使用样式和主题，可以快速改进文档的外观；使用表格、图片、图形等元素，可以更好地展示和解释信息；使用审阅和跟踪更改功能，可以更有效地协作编辑文档。

(3)培养信息素养：在信息化社会，拥有信息素养非常重要。通过学习 WPS 文字，我们可以更好地理解和运用信息，更好地处理信息，更好地利用信息解决问题。

在模块 3 的学习过程中，我们将通过四个主要任务来掌握 WPS 文字的基本操作和应用。

(1)制作培训通知：这个任务主要是帮助我们掌握如何使用 WPS 文字创建和编辑基础的文字文档。学习如何输入和编辑文本，如何调整文本的字体、大小、颜色和样式，如何排列文本，如何插入表格、图片和其他元素，以及如何保存和打印文档。这个任务是 WPS 文字应用的基础，通过完成这个任务，我们可以熟练地进行基础的文字处理操作。

(2)制作办公用品采购清单：这个任务主要是让我们熟悉和掌握 WPS 文字中表格的使用。学习如何插入和删除表格，如何编辑表格内容，如何调整表格大小和布局，如何应用表格样式，以及如何使用公式和函数进行计算。通过这个任务，我们可以了解到表格在处理和展示数据方面的强大功能。

(3)制作新店开业宣传海报：这个任务主要是让我们学习如何使用 WPS 文字进行图形处理和页面设计。学习如何插入和编辑图片，如何使用图形和艺术字，如何应用页面背景，以及如何调整页面边距和方向。通过这个任务，我们可以提高图形处理能力和页面设计能力，为创建具有吸引力的文档打下坚实的基础。

(4)制作员工手册：这个任务主要是让我们熟悉和掌握 WPS 文字的高级功能，包括使用样式和主题，创建目录，使用脚注和尾注，使用文档审阅和跟踪更改功能等。通过这个任务，我们可以了解 WPS 文字在创建长文档、协作编辑文档方面的强大功能。

　　这四个任务的难度和复杂度逐渐增加,每个任务都涵盖了 WPS 文字的一部分功能,通过完成这些任务,我们可以全面、深入地理解和掌握 WPS 文字的功能和应用,为学习、工作和生活提供强大的支持。

任务 1　制作培训通知

一、培训通知的要求和结构

　　培训通知是一种形式正规、内容详细的官方文档,目的在于向相关人员传达特定的培训信息。这种通知的主要部分包括标题、正文、签名和日期,每个部分都承载着特殊的信息,构成了通知的全貌。一个完整的培训通知应当让接收者清晰地了解培训的时间、地点、内容以及需要准备的事项。

　　首先,培训通知的标题起着引导注意力的作用。标题通常是简洁明了的,能够准确反映通知的主要内容,让人一眼便能了解通知的主题,例如标题可以写为"关于××项目的培训通知"或者"××部门的技能提升培训通知"等。一个好的标题,应当兼顾简洁性和信息量,让人即便只看标题,也能对培训有大致的了解。

　　其次,正文是通知中的核心部分,详细描述了培训的各种细节,如培训的时间、地点、参与人员和培训内容等。正文需要精确无误地传达所有重要的信息,以确保接收者能全面理解并做好准备。例如,培训时间需要写明具体的日期和时间;培训地点需要清晰地描述出具体位置,最好能附带地图或者地标等辅助信息;参与人员要明确写出哪些人需要参加,如果有特殊要求,如需要携带某些物品,也应在此部分明确提出。

　　除了基本信息外,正文中还可以包括培训的目标、期望的结果以及可能需要的准备工作等。这些信息可以帮助参训人员更好地了解和适应培训的需求,提高培训的效果。对于重要的信息,可以使用加粗、下画线等方式进行标注,以提醒读者特别注意。

　　再次,签名则是用来展示发布者的身份,体现通知的正式性。一般来说,签名部分会包括发布人或者发布机构的名称,有时也会附带联系方式,以便接收者有任何疑问时可以及时联系。签名部分需要清楚、规范,以展现其专业性。

　　最后,日期用来体现通知的时效性。通知的发布日期、有效日期以及必要的更新日期等,都应当清晰地写在通知上,让人了解到通知的最新状态。这部分十分重要,因为一些信息(如培训时间、地点等)可能会发生变动,日期可以帮助人们确认自己获取的是准确的信息。

　　总的来说,一个完整的培训通知,不仅是通知参训人员的工具,更是展现组织专业性和有效性的窗口。编写通知时,应该尽可能地考虑到接收者的需求,以确保他们能够准确、全面地获取信息。无论是标题、正文、签名还是日期,都应该精心设计,以实现最佳的信息传达效果。

二、制作一份培训通知的过程和步骤

　　先来看一份培训通知的范例。

关于提高售后服务质量培训的通知

各部门、各单位:

　　为了进一步提高公司的售后服务质量,提升客户满意度,现将组织一场提高售后服务质量培训的通知如下,请各部门、各单位认真执行。

　　一、培训目的和必要性

　　本次培训旨在提高员工对售后服务重要性的认识,增强服务意识,提高服务技能,以更好地满足客户需求,提升公司在市场上的竞争力。

　　二、培训内容、时间、地点和方式

　　1.培训内容:主要包括售后服务的重要性、服务流程优化、沟通技巧与服务态度、故障诊断与维修技能等方面的内容。

　　2.培训时间:2023 年 10 月 10 日至 2023 年 10 月 12 日,共 3 天。

　　3.培训地点:公司 501 会议室。

　　4.培训方式:采取现场授课、案例分析、小组讨论等形式进行。

　　三、参训人员及注意事项

　　1.参训人员:各部门、各单位从事售后服务工作的相关人员。

　　2.注意事项:请参训人员提前做好工作安排,确保能够全程参加培训;培训期间,请保持手机静音,遵守培训规定。

　　本次培训对于提高公司售后服务质量至关重要,请各部门、各单位务必高度重视,按要求组织相关人员参加培训。特此通知。

××××公司

2023 年 4 月 25 日

　　在 WPS 中创建的培训通知原始文本如图 3.1 所示,编辑后的效果如图 3.2 所示。

图 3.1　在 WPS 中创建的培训通知原始文本

图 3.2　在 WPS 中创建的培训通知文本编辑后的效果

1. 使用 WPS 创建和编辑文本

　　打开 WPS 软件,选择"新建文档"。在新建的文档中,按照上述培训通知的文本,首先键入通知的标题,然后在标题下方录入正文内容。然后使用 WPS 的文本编辑工具(见图 3.3),如字体、字号、加粗、斜体、下画线、颜色等进行格式设置。也可以通过工具栏上的对齐方式设置文本的对齐方式。

宋体 (正文 ▾ 四号 ▾	A⁺ A⁻ ‡≡ ▾	
B I U A ▾ A ▾ ≡ ▾ 吕 文梦		
复制(C)	Ctrl+C	
剪切(T)	Ctrl+X	
粘贴		
选择性粘贴(S)...	Ctrl+Alt+V	
格式刷(F)		
字体(F)...	Ctrl+D	
段落(P)...		
项目符号和编号(N)...		
图片背景(B)...		▸
超链接(H)...	Ctrl+K	
插入批注(M)		
全文翻译 ⑤		▸

图 3.3　文本编辑工具

2. 插入和格式化图片

如果通知中需要添加图片，可以单击 WPS 工具栏的"插入"选项，然后选择"图片"，如图 3.4 所示。在弹出的对话框中选择需要插入的图片文件。插入图片后，可以通过单击图片调整其大小和位置，也可以通过"格式"选项卡对图片进行更多的格式设置。

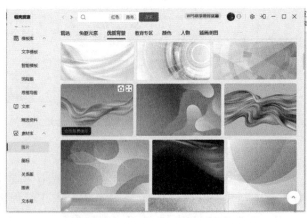

图 3.4　插入图片操作

3. 使用样式和模板提升效率

为了提高工作效率,可以使用 WPS 的样式和模板功能。通过"样式"可以快速统一文档中的格式,通过"模板"可以快速创建结构和格式相似的文档,如图 3.5 所示。

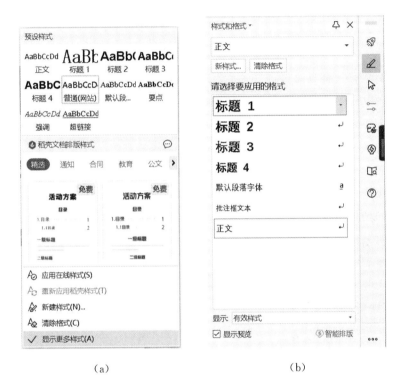

（a）　　　　　　　　（b）

图 3.5　"样式"和"模板"

任务 2　制作办公用品采购清单

一、理解采购清单的用途和基本构成

采购清单是一种具有极高实用价值的商业工具，主要用于详细记录、跟踪和管理一个组织或个人需要采购的物品。这个清单通常包括一系列重要信息，如物品名称、数量、单价、金额等，它为采购行为提供了详细而精确的记录，同时也是支持财务管理和审计工作的有效工具。

物品名称是采购清单中最基本的部分，通常需要尽可能详细地描述所需采购的商品或服务。这包括物品的品牌、型号、规格、颜色等详细信息。这样做是为了确保采购的精确性，避免因描述不清而产生误解或错误。同时，详细的物品名称也便于之后对采购行为进行追溯和审核。

数量是表示所需采购物品的多少。它对于确保采购的准确性至关重要，也是计算总金额的关键因素。同时，准确记录数量也有助于库存管理，可以确保库存充足，避免因缺货而影响正常运营。

单价是指每一单位物品的价格，通常由供应商提供。这是一个关键的信息，因为它是计算物品总金额的基础。单价的记录还可以帮助组织进行成本分析，评估是否需要调整采购策略。

金额是指所购物品的总价格，通常由物品数量和单价相乘得出。记录总金额有助于进行财务预算和控制，也是财务报告的重要组成部分。此外，总金额也可以用于与供应商的价格谈判，可以帮助组织获得更优惠的价格。

创建采购清单的目的在于清晰、准确地记录需要采购的物品，这不仅可以有效指导采购活动，确保采购的精确性和及时性，还可以为后期的财务管理和审计提供依据。一个详细、准确的采购清单能够帮助组织实现更有效的资源分配，降低无效和冗余的采购，同时也可以增加财务透明度，对内提高管理效率，对外提升合作伙伴和投资者的信心。

此外，采购清单在跨部门协作中也扮演了重要角色。例如，采购部门可以通过清单与销售部门进行协调，了解客户需求；可以与仓储部门沟通，确保库存充足；也可以与财务部门合作，进行预算控制和成本分析。这种跨部门的协作对于组织的运营效率和效益有着直接的影响。

　　总的来说,采购清单是一个复杂而重要的工具,它不仅是记录和追踪采购信息的方式,更是一个涵盖了供应链管理、财务管理、内部协作等多个层面的综合性管理工具。准确、详细地创建和维护采购清单,可以大幅提升采购效率,节省成本,同时提升其商业运作的透明度和效率。

二、制作一份采购清单的过程和步骤

1. 使用表格组织和显示数据

　　在 WPS 中,可以使用表格来组织和显示采购清单的信息。单击"插入"选项,然后选择"表格",在弹出的下拉菜单中选择需要的行数和列数,如图 3.6 所示,即可创建一个表格。

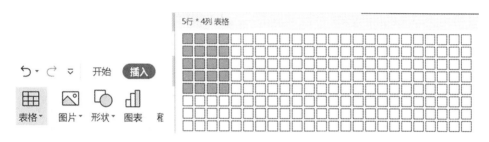

图 3.6　创建表格操作

2. 进行基本的数据计算

　　在表格中,依次输入物品的数量和单价,然后使用 WPS 的公式功能进行金额的计算。单击需要插入公式的单元格,然后单击工具栏的"公式"选项,输入公式并按回车键,WPS 会自动计算并显示结果。

　　(1)首先单击需要汇总结果的空白表格框,单击菜单栏的"表格工具"选项,选择菜单栏右下角的"公式"图标,如图 3.7 所示。

图 3.7　"公式"图标所在位置

　　(2)在弹出的"公式"对话框中,有"公式"和"辅助"两个选项,如图 3.8(a)所示。辅助中的"数字格式"代表计算显示结果的格式,"粘贴函数"就是选择使用的函数,"表格范围"是指参与计算的区域范围。公式栏中出现的公式是根据需要选择的计算公式。

在本任务中，我们需要通过单价和数量计算采购总价，所以需要在"数字格式"一栏通过单击"∨"按钮来选择"0.00"，在"粘贴函数"中选择"PRODUCT"，在"表格范围"中选择"LEFT"，如图 3.8(b)所示。

(3)选择好之后，单击"确定"按钮，即可得到所需计算结果，如图 3.9 所示。

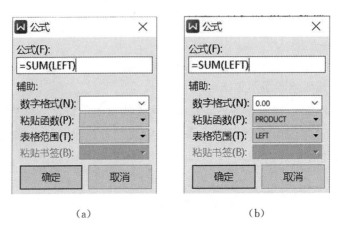

（a）   （b）

图 3.8 "公式"对话框及其设置

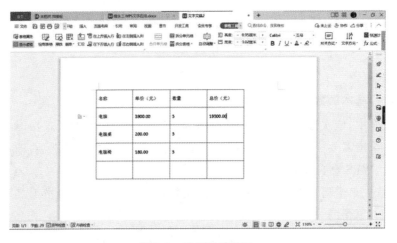

图 3.9 数据计算结果

(4)按照同一方法，完成所有栏目的计算。最后一行的合计栏需要将上面 3 行的金额进行相加汇总。在公式窗口中，"粘贴函数"应该选择"SUM"，"表格范围"应该选择"ABOVE"，如图 3.10 所示，即可计算出所需总金额。最后将表格的字体、字号稍加调整，即可得到一份完整的采购清单，如图 3.11 所示。

图 3.10 金额汇总公式设置

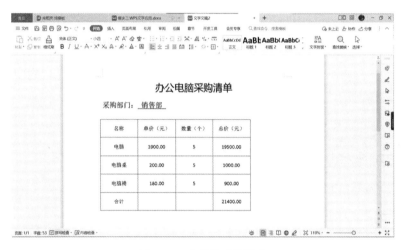

图 3.11 完整的采购清单

3.设置页面布局和打印设置

在文档完成后,可以通过"页面布局"选项(见图 3.12)设置文档的页边距、纸张大小和方向等。通过"文件"中的"打印"选项(见图 3.13(a))可以进行打印预览和打印设置,然后选择合适的打印机(见图 3.13(b))进行打印。

图 3.12 "页面布局"选项

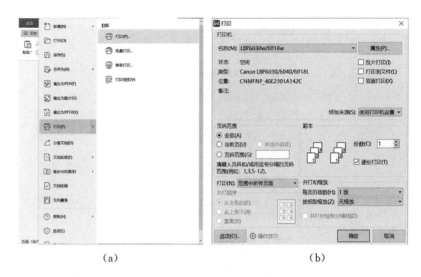

（a）　　　　　　　　　　　　　　（b）

图 3.13　打印设置操作

任务 3 制作新店开业宣传海报

一、理解宣传海报的用途和关键元素

宣传海报是一种广泛使用的市场营销工具,用于向公众传递信息和吸引潜在客户。一个有效的宣传海报需要兼顾信息表达的清晰性和视觉效果的吸引力。具体来说,它应该包含几个关键元素,如新店的名称、地点、开业日期等主要信息,以及鲜明的色彩、引人注目的图片、独特的字体等设计元素。

首先,主要信息的传递是宣传海报的核心任务。比如,新店的名称是最基本的信息,需要用大号字体和醒目的颜色来突出。地点和开业日期也是必要信息,因为这决定了潜在客户是否能来参与开业活动。此外,还可以包括其他诸如优惠活动、联系方式、特色商品等信息,以增强海报的吸引力。

其次,设计元素是宣传海报的灵魂。鲜明的色彩可以吸引人们的视线,激起他们对海报的兴趣。良好的颜色搭配不仅可以突出重要信息,还可以提升品牌形象。引人注目的图片,如商品图片、店铺照片或者与店铺相关的艺术插画,可以直观地向观众展示店铺的特点和优势。独特的字体可以帮助店铺建立个性化的品牌形象,同时也能增加海报的识别度。

最后,为了设计出有效的宣传海报,需要充分考虑目标客户群体的特点和偏好。例如,如果目标客户是年轻人,那么海报可能需要使用鲜亮的颜色和时尚的设计元素。如果目标客户是中老年人,那么海报可能需要更为简洁、明了的设计,使其易于理解。此外,还要考虑海报的展示位置,比如店铺内部、街头、商场、公交车站等,确保海报设计和展示位置的匹配性。

总的来说,宣传海报是一种综合了艺术和商业策略的设计作品,需要在传达关键信息和提升视觉吸引力之间找到平衡。只有这样,才能最大化地发挥其在市场营销中的作用,吸引更多潜在客户,提升品牌知名度,从而推动业务的发展。

二、制作一份海报的过程和步骤

制作一份如图 3.14 所示的海报需要经过以下几个步骤。

图 3.14　海报示例

1.使用 WPS 的图文混排和版面设计功能

在 WPS 中,我们可以利用图文混排和版面设计功能制作出专业的宣传海报。首先,需要在一页空白的文档中插入一些基本的文本,比如商场回馈活动的具体内容等。其次,可以通过"插入"→"图片"来添加一些与主题相关的图片。最后,我们还可以通过"版面设计"菜单进行版面的设计,包括边距设置、页面颜色和水印等。

(1)单击"插入"选项,选择"文本框",如图 3.15 所示,拉出一个大小合适的文本框,输入海报内容,如图 3.16 所示。

图 3.15　单击"插入"选项,选择"文本框"

(2)鼠标单击"文本框",选中文本框后,右击鼠标,在弹出的菜单中选择"填充",将文本框颜色填充为想要的颜色,如图 3.17 所示。

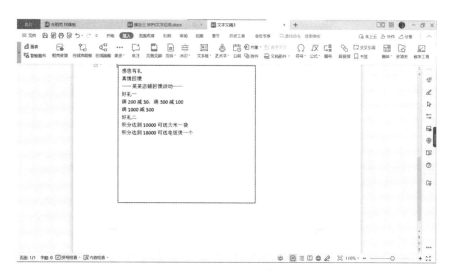

图 3.16　输入海报内容

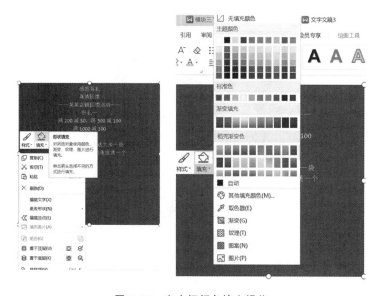

图 3.17　文本框颜色填充操作

（3）通过选择字体、字号和设置居中、加粗等功能，将文字调整为所需要的版式，如图 3.18 所示。

（4）根据需要添加一些图片和形状来进行美化，如图 3.19 所示。

掌握了以上基本方法，同学们就可以根据自己的创意尽情发挥了。

图 3.18　文字调版

图 3.19　美化后的海报

2.创作并插入文艺字体

在 WPS 中,我们可以创建和插入艺术字来使海报更具吸引力。我们可以在"插入"—"艺术字"中选择一种预设的艺术字样式,然后输入需要的文本。如果需要更多的定制选项,我们可以在艺术字被选中的情况下,单击"格式"菜单进行调整。

任务 4　制作员工手册

一、理解员工手册的用途和制作要点

1.员工手册的用途

员工手册是公司为确保员工了解公司文化、政策、规定而编制的重要工具。它具有以下用途。

(1)明确员工权利与义务:员工手册详细说明员工的权利和义务,使员工了解自己的权益和责任,有助于维护员工权益,同时提高员工的归属感和忠诚度。

(2)指导员工行为:员工手册提供行为准则,指导员工如何遵守公司规定,避免不当行为,促进员工与公司的和谐关系。

(3)提供培训和发展机会:员工手册中通常包含培训计划和职业发展路径,为员工提供学习和发展的机会,帮助员工提升自身能力,提高工作效率。

(4)解答员工疑问:员工手册针对公司的重要事项进行说明,为员工解答疑问,减少沟通成本,提高工作效率。

(5)规范管理流程:员工手册详细描述公司的管理流程和制度,使员工了解公司的运作机制,有助于员工更好地适应工作环境。

(6)公示公司政策:员工手册将公司的政策公之于众,让员工了解公司的期望和要求,有利于公司政策的贯彻执行。

(7)提升员工满意度:通过编制员工手册,公司向员工传递对员工的重视和关心,提高员工的满意度和忠诚度。

2.制作关键知识点

用 WPS 文字制作员工手册的知识点如下。

(1)文档创建与保存:在 WPS 文字中新建文档,并保存为需要的文件格式,如.docx 或.doc。

(2)文本编辑:在文档中输入、修改和编辑文本,包括字体、字号、对齐方式等设置。

(3)表格制作:在文档中插入表格,并添加相应的内容。

（4）图片和图表插入：在文档中插入图片、图表和其他媒体文件，增强文档的可读性和吸引力。

（5）页面设置：设置文档的页面布局、页边距、页眉和页脚等。

（6）目录和书签：在文档中创建目录和书签，方便读者查阅。

（7）批注和修订：在文档中添加批注和修订，方便多人协作和审核。

（8）打印设置：设置打印参数，如打印份数、双面打印等。

（9）保护和加密：对文档进行保护和加密，防止未经授权的访问和修改。

（10）其他功能：如拼写检查、语法检查、自动编号等其他功能，可以更方便地编辑文档。

通过掌握以上知识点，你可以更好地使用 WPS 文字制作员工手册，提高工作效率和质量。

二、制作一份员工手册的过程及步骤

员工手册内容比较丰富，页数一般多达几十页，制作过程中涉及部分知识点在前文 3 个任务中已经有所涉及，同学们多加练习就能熟练掌握。在任务 4 中，主要介绍上述所需知识点中的（5）、（6）两个知识点。

1. 使用 WPS 进行页面设置

（1）打开一份员工手册文件，选择"页面布局"→"页边距"选项（见图 3.20）。

图 3.20　选择"页面布局"→"页边距"选项

（2）在弹出的菜单中选择"自定义页边距"，按照公司的实际需要修改好页边距后，单击下方的"默认"按钮，然后单击"确定"就完成了（见图 3.21）。

2. 使用 WPS 进行样式设置

"样式"功能是 WPS 的实用功能，用好了这个功能可以大幅提高编制员工手册的工作效率。

（1）在"开始"选项卡中，找到"样式"功能区（见图 3.22）。

（2）以"正文"样式为例，单击鼠标右键，并选择"修改样式"（见图 3.23）。

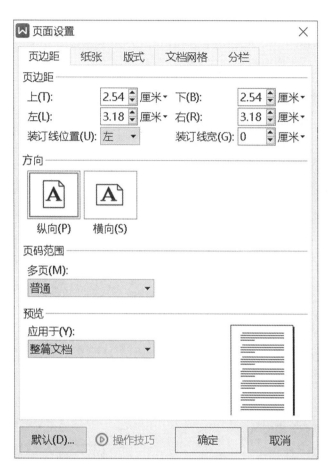

图3.21　自定义页边距

图3.22　"样式"功能区

图3.23　选择"修改样式"

（3）根据需要调整字体及格式，同时必须勾选下方的"同时保存到模板"。这里要注意的是：选择字体时，是区分中文和西文的，如果需要字体统一，则选择"所有脚本"（见图 3.24）。修改标题样式的操作与修改正文样式操作相同。

图 3.24   "修改样式"对话框

经过以上的操作后，再次新建文档时，页面布局就自动调整为之前调整的格式了，标题和正文只需单击"样式"即可。

3. 在文档中创建目录和标签

如果使用者不知道怎样使用 WPS 中的自动生成目录功能，而是自己在首页手动编制，那么在遇到内容及格式有所调整时，原先目录和正文内容就对不上号了，还得再次返回修改。为避免这种情况，下面将介绍自动生成目录的方法。

（1）打开"WPS 文字"，在"开始"一栏，预览软件原本预设好的样式模板（见图 3.25），看看样式是否合适。

图 3.25　样式模板

（2）如果预设的样式满足不了要求，那么可以在"修改样式"对话框中单击"格式"，然后选择"字体""段落"等（见图 3.26），进行相应的设置，新建符合要求的模板。

图 3.26　新建模板操作步骤之一

　　字体在"字体"对话框中（见图 3.27）进行设置。一般文章字体多为宋体和黑体，也有楷体。新建样式过程中，应注意字号设置应由大到小，分清各个级别的字体大小，一般都默认"加粗"（尽量不"倾斜"，以免影响美观）。

段落在"段落"对话框（见图3.28）进行设置。①对齐方式：一般默认左对齐。②特殊格式：在设置分级标题时，一般第一、第二级的格式默认为"无"，"段前""段后"选择"0"，第三级可设置"首行缩进两字符"，以便更有层次感。③行距：用得较多的一般为1倍和1.5倍，少数用2倍。

（3）设置好后，用"标题1""标题2""标题3"分别去定义文中的每一个标题。把光标移到大标题，然后用鼠标左键选中右边的标题1就定义好了；同样方法，中标题对应"标题2"、小标题对应"标题3"；依此类推，直到全文末尾。

（4）当全部定义好后，我们就可以生成目录了。把光标移到文章最开头要插入目录的空白位置，依次选择"引用"→"目录"选项。接着会出现一个窗口，如图3.29所示，选中看好的样式就可以了。

图3.27 "字体"对话框

图 3.28　"段落"对话框

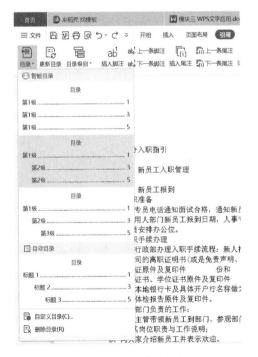

图 3.29　目录生成操作

【练习题】

1.在 WPS 文字中,通过(　　　)插入一个文本框。

A.“插入”选项卡中的“文本框”命令

B.工具栏中的“文本框”按钮

C.快捷键“Ctrl+V”粘贴文本框

D.菜单中的“文本框”命令

2.在 WPS 文字中,通过(　　　),设置文本框的大小和位置。

A.拖动文本框边缘的句柄

B.设置文本框的格式

C.菜单中的“格式”选项卡

D.点击鼠标右键“文本框”,选择“格式”

3.在 WPS 文字中,(　　　),设置文本的字体、字号和颜色。

A.选择文本后,通过工具栏

B.通过快捷键“Ctrl+Shift+F”

C.通过菜单中的“字体”选项卡

D.通过拖动鼠标来选择文本,再通过工具栏

4.在 WPS 文字中,设置段落的对齐方式和缩进的方法是(　　　)。

A.通过选择段落,再在工具栏中设置对齐方式和缩进

B.通过快捷键“Ctrl+R”设置对齐方式,“Ctrl+Shift+＞”设置缩进

C.通过菜单中的“段落”选项卡设置对齐方式和缩进

D.通过拖动鼠标选择段落,再在工具栏中设置对齐方式和缩进

5.在 WPS 文字中,通过(　　　)插入一个表格。

A.“插入”选项卡中的“表格”命令

B.工具栏中的“表格”按钮

C.快捷键“Ctrl+V”粘贴表格

D.菜单中的“表格”命令

6.在 WPS 文字中,通过(　　　)调整表格的行高和列宽。

A.拖动表格边缘的句柄

B.菜单中的“表格属性”选项卡

C.鼠标右键点击表格,选择“表格属性”

D. 工具栏中的"表格属性"按钮

7. 在 WPS 文字中,通过(　　),合并和拆分单元格。

A. 选择单元格后,在工具栏中点击"合并单元格"按钮

B. 菜单中的"表格工具"选项卡中的"合并单元格"命令

C. 快捷键"Ctrl＋M"合并单元格,"Ctrl＋Shift＋Alt＋M"拆分单元格

D. 拖动鼠标选择单元格,再在工具栏中点击"合并单元格"按钮

8. 在 WPS 文字中,通过(　　)插入和删除行或列。

A. 选择行或列后,在菜单中的"插入"选项卡中选择"行"或"列"命令

B. 菜单中的"表格工具"选项卡中的"插入行"或"插入列"命令

C. 快捷键"Ctrl＋Shift＋加号"插入行或列,"Ctrl＋减号"删除行或列

D. 拖动鼠标选择行或列,再在工具栏中点击"插入行"或"插入列"按钮

9. 在 WPS 文字中,(　　)来设置表格的边框和底纹。

A. 选择表格后,通过工具栏

B. 通过菜单中的"表格样式"选项卡

C. 通过鼠标右键点击表格,选择"表格样式"

D. 通过快捷键"Ctrl＋Shift＋B"设置边框,"Ctrl＋Shift＋Alt＋H"设置底纹

10. 在 WPS 文字中,对表格进行排序和计算的方法是(　　)。

A. 通过选择表格后,在菜单中的"表格工具"选项卡中进行排序和计算

B. 通过菜单中的"表格样式"选项卡进行排序和计算

C. 通过快捷键"Ctrl＋Shift＋O"进行排序,"Ctrl＋Shift＋Alt＋F"进行计算

D. 通过拖动鼠标选择表格,再在工具栏中进行排序和计算

11. 在 WPS 文字中,进行页眉和页脚的设置的方法是(　　)。

A. 通过选择页眉或页脚后,在菜单中的"插入"选项卡中进行设置

B. 通过菜单中的"页面布局"选项卡中的"页眉页脚"命令进行设置

C. 通过快捷键"Ctrl＋Shift＋Alt＋H"进行页眉和页脚的设置

D. 通过拖动鼠标选择页眉或页脚,再在工具栏中进行设置

12. 在 WPS 文字中,进行批注和修订操作的方法是(　　)。

A. 通过选择文本后,在菜单中的"审阅"选项卡中进行批注和修订操作

B. 通过菜单中的"插入"选项卡中的"批注"和"修订"命令进行操作

C. 通过快捷键"Ctrl＋Shift＋M"进行批注,"Ctrl＋Shift＋Alt＋V"进行修订操作

D.通过拖动鼠标选择文本,再在工具栏中进行批注和修订操作

13.在 WPS 文字中,设置段落边框和底纹的方法是(　　)。

A.通过选择段落后,在工具栏中设置段落边框和底纹

B.通过菜单中的"段落"选项卡设置段落边框和底纹

C.通过快捷键"Ctrl+Shift+B"设置段落边框,"Ctrl+Shift+Alt+H"设置段落底纹

D.通过拖动鼠标选择段落,再在工具栏中设置段落边框和底纹

14.在 WPS 文字中,实现查找和替换操作的方法是(　　)。

A.通过菜单中的"编辑"选项卡中的"查找"和"替换"命令进行操作

B.通过快捷键"Ctrl+F"进行查找,"Ctrl+H"进行替换操作

C.通过拖动鼠标选择文本,再在工具栏中进行查找和替换操作

D.通过输入查找和替换的内容,在搜索框中进行查找和替换操作

15.在 WPS 文字中,设置自动编号和项目符号的方法是(　　)。

A.通过选择文本后,在工具栏中设置自动编号和项目符号

B.通过菜单中的"插入"选项卡中的"编号"和"项目符号"命令进行设置

C.通过快捷键"Ctrl+Shift+Alt+N"进行自动编号,"Ctrl+Shift+Alt+O"进行项目符号设置

D.通过拖动鼠标选择文本,再在工具栏中进行自动编号和项目符号的设置

16.在 WPS 文字中,插入公式和符号的方法是(　　)。

A.通过菜单中的"插入"选项卡中的"公式"和"符号"命令进行插入

B.通过快捷键"Ctrl+Shift+M"进行公式插入,"Ctrl+Shift+Alt+S"进行符号插入

C.通过拖动鼠标选择文本,再在工具栏中进行公式和符号的插入

D.通过输入公式和符号的名称,在搜索框中进行插入

17.在 WPS 文字中,设置分栏和分页的方法是(　　)。

A.通过选择文本后,在菜单中的"页面布局"选项卡中进行分栏和分页设置

B.通过菜单中的"插入"选项卡中的"分栏"和"分页"命令进行设置

C.通过快捷键"Ctrl+Shift+L"进行分栏设置,"Ctrl+Page"进行分页设置

18.在 WPS 文字中,创建和删除超链接的方法是(　　)。

A.通过选择文本后,在菜单中的"插入"选项卡中进行超链接的创建和删除

B.通过快捷键"Ctrl+K"进行超链接的创建,"Ctrl+Shift+X"进行超链接的

删除

C.通过拖动鼠标选择文本,再在工具栏中进行超链接的创建和删除

D.通过输入超链接的网址,在搜索框中进行超链接的创建和删除

19.在 WPS 文字中,实现邮件合并的方法是( )。

A.通过选择邮件后,在菜单中的"邮件"选项卡中进行合并操作

B.通过快捷键"Ctrl＋Shift＋M"进行邮件合并操作

C.通过拖动鼠标选择邮件,再在工具栏中进行合并操作

D.通过输入收件人和邮件内容,在搜索框中进行邮件合并操作

20.在 WPS 文字中,设置文字的隐藏和突出显示的方法是( )。

A.通过选择文本后,在菜单中的"格式"选项卡中进行隐藏和突出显示设置

B.通过快捷键"Ctrl＋Shift＋Alt＋H"进行文字隐藏,"Ctrl＋Shift＋Alt＋Y"进行文字突出显示

C.通过拖动鼠标选择文本,再在工具栏中进行隐藏和突出显示设置

D.通过输入隐藏和突出显示的内容,在搜索框中进行设置

21.在 WPS 文字中,调整文字排版的方法是( )。

A.通过选择文本后,在菜单中的"格式"选项卡中进行文字排版的调整

B.通过快捷键"Ctrl＋Shift＋Alt＋P"进行文字排版的调整

C.通过拖动鼠标选择文本,再在工具栏中进行文字排版的调整

D.通过输入文字排版的参数,在搜索框中进行调整。

22.在 WPS 文字中,创建和应用样式的方法是( )。

A.通过选择文本后,在菜单中的"样式"选项卡中创建和应用样式

B.通过快捷键"Ctrl＋Shift＋Alt＋S"创建样式,"Ctrl＋Shift＋Alt＋Y"应用样式

C.通过拖动鼠标选择文本,再在工具栏中创建和应用样式

D.通过输入样式名称,在搜索框中创建和应用样式

23.在 WPS 文字中,插入和编辑图片的方法是( )。

A.通过菜单中的"插入"选项卡中的"图片"命令插入图片,再在工具栏中编辑图片

B.通过快捷键"Ctrl＋Shift＋Alt＋P"插入图片,"Ctrl＋Shift＋Alt＋E"编辑图片

C.通过拖动鼠标选择文本,再在工具栏中插入和编辑图片

D. 通过输入图片名称,在搜索框中插入和编辑图片

24. 在 WPS 文字中,设置页面背景和页眉页脚的方法是(　　)。

A. 通过菜单中的"页面布局"选项卡中的"背景"和"页眉页脚"命令进行设置

B. 通过快捷键"Ctrl＋Shift＋Alt＋B"设置页面背景,"Ctrl＋Shift＋Alt＋H"设置页眉页脚

C. 通过拖动鼠标选择页面,再在工具栏中设置页面背景和页眉页脚

D. 通过输入页面背景和页眉页脚的参数,在搜索框中进行设置

25. 在 WPS 文字中,使用批注功能的方法是(　　)。

A. 通过选择文本后,在菜单中的"审阅"选项卡中使用批注功能

B. 通过快捷键"Ctrl＋Shift＋M"使用批注功能

C. 通过拖动鼠标选择文本,再在工具栏中使用批注功能

D. 通过输入批注内容,在搜索框中使用批注功能

26. 在 WPS 文字中,创建和编辑表格的方法是(　　)。

A. 通过菜单中的"插入"选项卡中的"表格"命令创建表格,再在工具栏中编辑表格

B. 通过快捷键"Ctrl＋T"创建表格,"Ctrl＋Shift＋T"编辑表格

C. 通过拖动鼠标选择行和列,再在工具栏中创建和编辑表格

D. 通过输入表格的行和列数,在搜索框中创建和编辑表格

27. 在 WPS 文字中,对文档进行比较和合并的方法是(　　)。

A. 通过菜单中的"审阅"选项卡中的"比较"和"合并"命令进行比较和合并

B. 通过快捷键"Ctrl＋Shift＋C"进行比较,"Ctrl＋Shift＋V"进行合并

C. 通过拖动鼠标选择文档,再在工具栏中进行比较和合并

D. 通过输入比较和合并的参数,在搜索框中进行比较和合并

28. 在 WPS 文字中,设置文字的纵横混排和跟随路径形状的方法是(　　)。

A. 通过选择文本后,在菜单中的"格式"选项卡中进行纵横混排和跟随路径形状的设置

B. 通过快捷键"Ctrl＋Shift＋Alt＋V"进行纵横混排,"Ctrl＋Shift＋Alt＋P"进行跟随路径形状的设置

C. 通过拖动鼠标选择文本,再在工具栏中进行纵横混排和跟随路径形状的设置

D. 通过输入纵横混排和跟随路径形状的参数,在搜索框中进行行设置

模块 4 WPS 表格的应用

在日常生活和工作中,数据无处不在。我们需要收集和记录各种各样的数据信息,包括成绩、费用、销售数据等等。为了有效地组织和分析这些数据,各类表格软件应运而生(如 WPS 表格就是一个强大的表格分析及处理工具)。通过本模块的学习,我们将掌握和了解并最后熟练使用 WPS 表格,以便更好地理解和分析数据。

本模块的主要目标是掌握使用 WPS 表格进行数据处理和分析的基本技能。包括创建和设计表格、输入和编辑数据、应用样式和主题、使用公式计算、创建和管理数据透视表、创建图表进行数据分析等。

在本模块中,我们需要完成以下四个任务。

任务 1:制作学生成绩表。在此任务中,将学习如何使用 WPS 表格创建和设计表格、输入和编辑数据。

任务 2:制作学生成绩汇总表。在此任务中,要了解如何通过 WPS 表格的计算和数据汇总功能,将学生的各科成绩进行总结和分析。我们需要学习如何使用公式进行总分和平均分的计算,如何使用条件格式突出显示特定的数据以及如何创建数据透视表进行数据汇总和分析。

任务 3:制作学生成绩分析图表。在此任务中,我们要学习使用 WPS 表格的图表功能,将学生成绩数据转换为直观的图形和图表,从而更好地进行数据分析和展示,还可以进一步探索如何选择合适的图表类型,如何添加和调整图表元素以及如何应用图表样式和布局。

任务 4:管理与分析学生成绩表。在此任务中,要深入学习如何使用 WPS 表格的数据管理和分析功能进行更复杂的数据处理、如何使用排序和筛选功能处理数据、如何通过数据透视表和条件格式进行数据分析以及如何使用保护和共享功能管理表格文档。

任务 1　制作学生成绩表

在任务 1 中，我们要学习如何使用 WPS 表格创建和设计一个表格结构，如何输入和编辑数据以及如何应用样式和主题使得表格更具可读性和美观性。第一步需要设计表格结构。表格结构决定了如何在表格中组织和显示数据。例如，一个学生成绩表可能包括学生学号、姓名、性别、各科分数、总分、平均分等列和若干行的学生信息。学生成绩表制作完成后的效果如图 4.1 所示。

	A	B	C	D	E	F
1	学生成绩表					
2	学号	姓名	性别	英语	计算机	数学
3	00230201	张宏	男	78	66	89
4	00230202	李秋	女	66	86	90
5	00230203	王楠	女	88	65	96
6	00230204	孙杰	男	82	86	70
7	00230205	张强	男	90	81	85
8	00230206	刘艳	女	80	85	77
9	00230207	张珊珊	女	75	59	75
10	00230208	李欣怡	女	83	75	56
11	00230209	周浩林	男	88	87	80
12	00230210	刘喜彤	男	55	67	78

图 4.1　学生成绩表

一、新建学生成绩表文件

1. 新建 WPS 表格文件

WPS 表格文件的创建步骤是新建工作簿后选择恰当的位置，并命名保存。

第 1 步：新建工作簿（见图 4.2）。启动 WPS 表格软件，单击"新建表格"按钮，单击"空白文档"选项。

图 4.2　新建工作簿操作

第 2 步：保存工作簿（见图 4.3）。在新建的文档中，单击"保存"按钮，选择合适的位置，给这个新建的文档取一个名称，比如"学生成绩表"，单击"保存"按钮即可完成保存。

图 4.3　保存工作簿操作

2.重命名工作表名称

一个 WPS 表格文件可以称为工作簿，一个工作簿中可以有多张工作表，为了区分这些工作表，可以对其进行重命名。

第 1 步：执行"重命名"命令（见图 4.4）。右击工作表名称，单击快捷菜单中的"重命名"选项。

图 4.4　执行"重命名"命令操作

第 2 步：输入新名称。执行"重命名"命令后，输入新的工作表名称，结果如图 4.5 所示。

至此，便完成了工作表的重命名操作。

3.工作表的新建与删除

一个工作簿中有多张工作表，用户可以自由添加需要的工作表或者将多余的工作表删除。

第 1 步：新建工作表。单击 WPS 界面底部工作表栏的"新建工作表"加号按钮（见图 4.6），就能新建一张工作表。

图 4.5　输入新的工作表名称后的结果

图 4.6　"新建工作表"加号按钮所在位置

第 2 步：删除工作表。右击需要删除的工作表名称，单击菜单中的"删除工作表"选项（见图 4.7），可以删除工作表。

二、录入学生成绩表内容

当 WPS 表格文件及其工作表创建完成后，就可以在工作表中录入需要的信息了。在录入信息时，需要注意区分信息的类型及规律，以科学、正确的方式录入信息。

1.录入文本内容

文本型信息是 WPS 表格中最常见的一种信息。不需要事先设置数据类型就可以直接输入。

第 1 步：输入第一个单元格的文本内容。将光标放到左上角第一个单元格中，输入文字，结果如图 4.8 所示。

图 4.7　单击菜单中的"删除工作表"选项

图 4.8　在左上角第一个单元格中输入文字后的结果

第 2 步：完成其他文本信息的输入。按照同样的方法，完成工作表中其他文本内容的输入，效果如图 4.9 所示。

2. 录入文本型数据

在 WPS 表格中要输入数值内容时，WPS 会自动以标准的数值格式将其保存于单元格中。如果在数值的左边输入 0 将自动省略，例如输入"001"，则会自动将该值转换为常规的数字格式 1。再如输入小数".009"，会自动转化为 0.009。若要使数字保持输入时的格式，需要将数值转换为文本（即文本型数据），可在输入数值时先输入英文单引号（′）。例如在"学号"列中需要输入的学号格式为 00＊＊＊，操

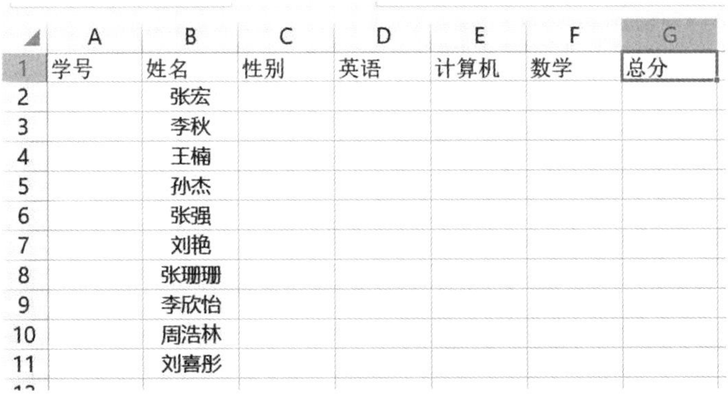

	A	B	C	D	E	F	G
1	学号	姓名	性别	英语	计算机	数学	总分
2		张宏					
3		李秋					
4		王楠					
5		孙杰					
6		张强					
7		刘艳					
8		张珊珊					
9		李欣怡					
10		周浩林					
11		刘喜彤					

图 4.9 完成工作表中其他文本内容的输入的效果

作步骤如下。

第 1 步:输入英文单引号。在需要输入文本型数据的单元格中将输入法切换到英文状态,输入单引号。

第 2 步:输入数据。在英文单引号后面紧接着输入学生的学号数据。

第 3 步:填充序列。因为学号是顺序递增的,所以可以利用“填充序列”功能完成其他学号内容的填充。①将光标放到第一个学生学号单元格右下方,当光标变成小的黑色十字形时,按住鼠标左键不放,往下拖动;②直到拖动的区域覆盖所有需要填充序列的单元格;③查看学号填充结果。此时学号列完成填充,效果如图 4.10 所示。

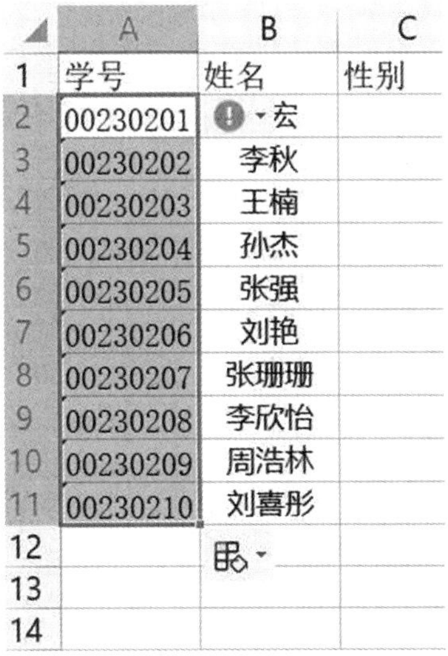

	A	B	C
1	学号	姓名	性别
2	00230201	宏	
3	00230202	李秋	
4	00230203	王楠	
5	00230204	孙杰	
6	00230205	张强	
7	00230206	刘艳	
8	00230207	张珊珊	
9	00230208	李欣怡	
10	00230209	周浩林	
11	00230210	刘喜彤	
12			
13			
14			

图 4.10 学号列完成填充的效果

任务 2 制作学生成绩汇总表

在任务 1 中，依次录入各列数据后，下一步就可以着手制作学生成绩汇总表。涉及计算的数据内容可以通过 WPS 表格的公示功能自动计算录入，只需要知道常用公式的使用方法即可完成数据计算。

一、计算总分

计算总分要用求和公式，这是 WPS 表格常用的公式之一。求和函数的语法是：sum(number1,number2,…)，如果将逗号"，"换成冒号"："，表示计算从 A 单元格到 B 单元格的数据之和。

第 1 步：选择"求和"函数，如图 4.11 所示。①选中"总分"下面的第一个单元格，表示要将求和结果放在此处；②单击"公式"选项卡下的"自动求和"下三角按钮；③单击下拉菜单中的"求和"选项。

		性别	英语	计算机	数学	总分	平均分	排名
3	00	男	78	66	89			
4	00	女	66	86	90			
5	00230203	王楠	女	88	65	96		
6	00230204	孙杰	男	82	86	70		
7	00230205	张强	男	90	81	85		

图 4.11 选择"求和"函数

第 2 步：确定求和公式。执行求和命令后，会自动出现如图 4.12 所示的公式，只要确定虚线框中的数据是需要求和的数据即可按下回车键，表示确定公式。

第 3 步：复制公式。完成第一个单元格的求和计算后，将光标放到单元格右下

图 4.12　执行求和命令后自动出现的公式

角,按住鼠标左键不放,往下拖动,复制公式,如图 4.13 所示。

图 4.13　复制公式操作

第 4 步:查看数据计算结果。完成公式的复制后,"总分"列剩下的单元格也会被自动计算求和,效果如图 4.14 所示。

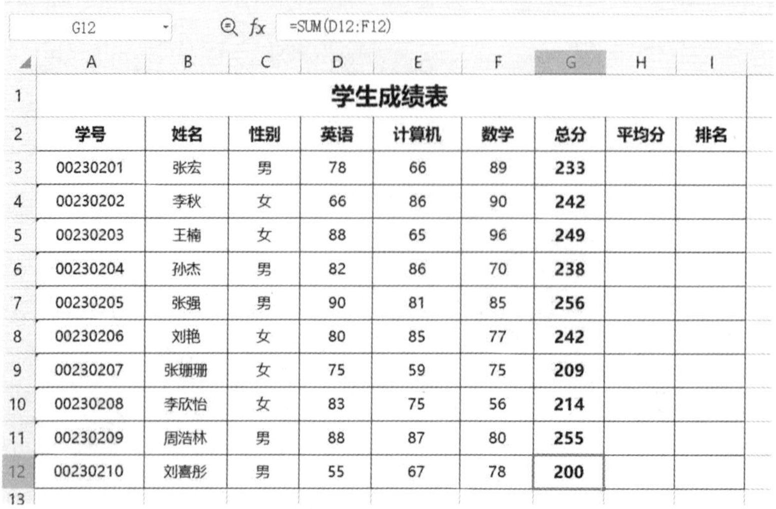

图 4.14　查看数据计算结果

二、计算平均分

平均值的计算公式语法是：AVERAGE(number1,number2,…)。只需要选择平均值公式确定数据范围即可。

第 1 步：选择"平均值"公式。选择"平均分"下面的第一个单元格，单击"自动求和"下拉菜单中的"平均值"选项，如图 4.15(a)所示，所得"平均值"公式结果如图4.15(b)所示。

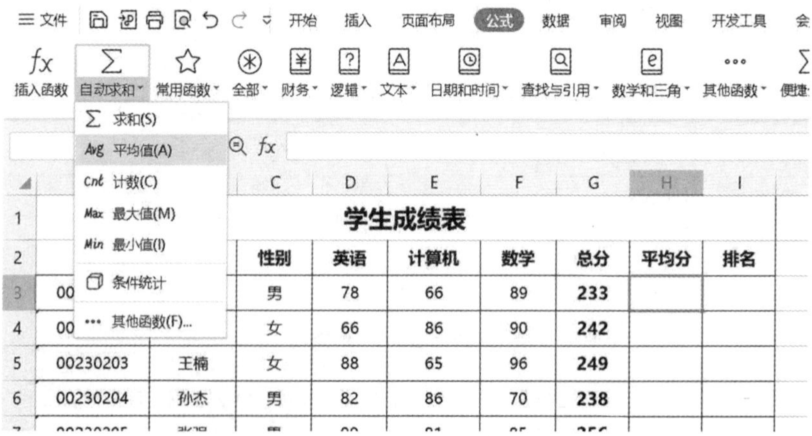

(a)

图 4.15　选择"平均值"公式

▲	A	B	C	D	E	F	G	H	I	J
1					学生成绩表					
2	学号	姓名	性别	英语	计算机	数学	总分	平均分	排名	
3	00230201	张宏	男	78	66	89	233	=AVERAGE(D3:F3)		
4	00230202	李秋	女	66	86	90	242			
5	00230203	王楠	女	88	65	96	249			
6	00230204	孙杰	男	82	86	70	238			
7	00230205	张强	男	90	81	85	256			
8	00230206	刘艳	女	80	85	77	242			
9	00230207	张珊珊	女	75	59	75	209			
10	00230208	李欣怡	女	83	75	56	214			
11	00230209	周浩林	男	88	87	80	255			
12	00230210	刘喜彤	男	55	67	78	200			
13										
14										

(b)

续图 4.15

第2步:确定函数并设置计算结果小数位数。在第1步中,确定平均分的数据计算范围为"D3:F3"单元格后按下回车键即可完成平均分计算,然后将平均分公式复制到下面的单元格中。由于平均分小数位数较多,需要进行设置。①选中完成计算的平均分列数据,单击"开始"菜单中"单元格"选项下的"设置单元格格式"的对话框启动器按钮,如图4.16所示;②在打开的"设置单元格格式"对话框中,选择"数值"选项卡,设置"小数位数"为"0",如图4.17所示;③单击"确定"按钮即可。

图 4.16 选择"设置单元格格式"的对话框启动器按钮操作

第3步:查看完成计算的平均分。此时表格中平均分完成计算,并且没有小数位数,效果如图4.18所示。

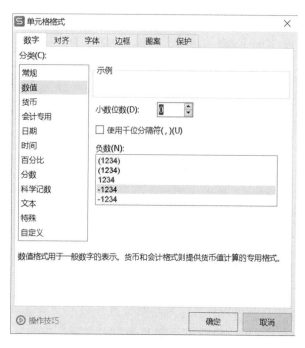

图 4.17 设置"小数位数"为"0"操作

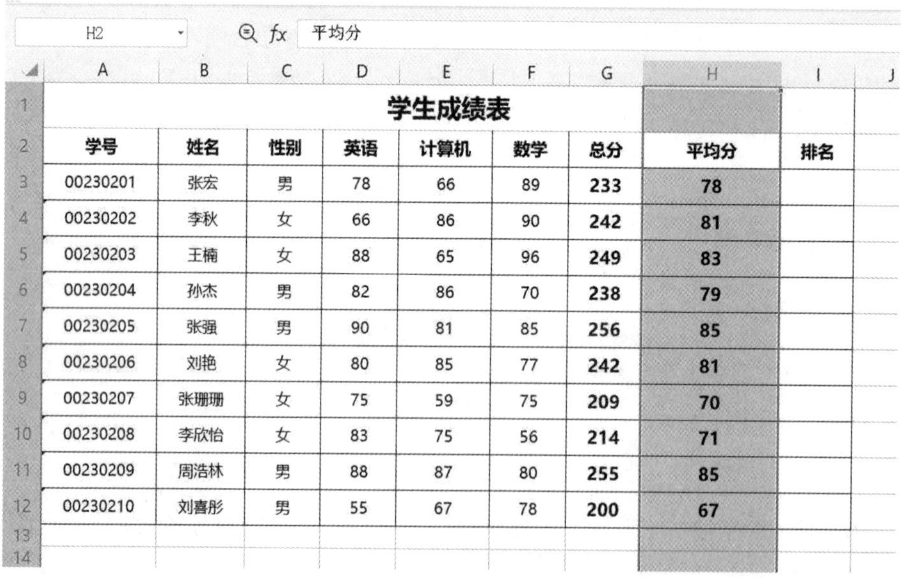

学号	姓名	性别	英语	计算机	数学	总分	平均分	排名
\multicolumn{9}{c}{学生成绩表}								
00230201	张宏	男	78	66	89	233	78	
00230202	李秋	女	66	86	90	242	81	
00230203	王楠	女	88	65	96	249	83	
00230204	孙杰	男	82	86	70	238	79	
00230205	张强	男	90	81	85	256	85	
00230206	刘艳	女	80	85	77	242	81	
00230207	张珊珊	女	75	59	75	209	70	
00230208	李欣怡	女	83	75	56	214	71	
00230209	周浩林	男	88	87	80	255	85	
00230210	刘喜彤	男	55	67	78	200	67	

图 4.18 平均分计算结果

三、计算成绩排名

在学生成绩表中,可以统计出不同学生的成绩排名,需要用到的函数是 RANK 函数。该函数的使用语法是:rank(Number,Ref,Order),其中,参数 Number 表示需要找到排位的数字;Ref 参数为数字列表数组或对数字列表的引用;Order 参数为数字,指明排序的方式,Order 为零或者省略时代表降序排列,Order 不为零时则为升序排列。

第 1 步:输入函数。按照总分大小进行排名,因此 RANK 函数会涉及总分单元格的定位。将输入法切换到英文输入状态下,在第一个"排名"单元格中输入函数"＝RANK(G3,G＄3:G＄12)",如图 4.19 所示,该公式表示计算 G3 单元格数据在 G3 到 G12 单元格数据中的排名。

学生成绩表

学号	姓名	性别	英语	计算机	数学	总分	平均分	排名
00230201	张宏	男	78	66	89	233	78	=RANK(G3,G$3:G$12)
00230202	李秋	女	66	86	90	242	81	
00230203	王楠	女	88	65	96	249	83	
00230204	孙杰	男	82	86	70	238	79	
00230205	张强	男	90	81	85	256	85	
00230206	刘艳	女	100	85	77	262	87	
00230207	张珊珊	女	75	59	75	209	70	
00230208	李欣怡	女	83	85	56	224	75	
00230209	周浩林	男	88	87	90	265	88	
00230210	刘嘉彤	男	55	67	78	200	67	

图 4.19　在第一个"排名"单元格中输入函数

第 2 步:完成排名统计。在第 1 步中,输入公式后按下回车键完成公式计算,然后复制公式到后面的单元格中,结果如图 4.20 所示。

学生成绩表

学号	姓名	性别	英语	计算机	数学	总分	平均分	排名
00230201	张宏	男	78	66	89	233	78	7
00230202	李秋	女	66	86	90	242	81	5
00230203	王楠	女	88	65	96	249	83	4
00230204	孙杰	男	82	86	70	238	79	6
00230205	张强	男	90	81	85	256	85	3
00230206	刘艳	女	100	85	77	262	87	2
00230207	张珊珊	女	75	59	75	209	70	9
00230208	李欣怡	女	83	85	56	224	75	8
00230209	周浩林	男	88	87	90	265	88	1
00230210	刘嘉彤	男	55	67	78	200	67	10

图 4.20　计算成绩排名结果

任务3　制作学生成绩分析图表

图表是一种强大的工具，它可以帮助我们直观地理解和解释数据。在 WPS 表格中，我们可以利用图表功能，将学生成绩数据转化为各种类型的图表，如柱状图、线图、饼图等。

一、创建图表

WPS 表格创建图表的基本方法是，选中图表中的数据，再选择需要创建的图表类型。如果不满意已选好的图表类型，可以更改图表类型，并且调整图表的原始数据。

1. 创建三维柱状图

创建图表需要选择好数据区域，再选择图表类型。

第1步：选择数据区域。①按住鼠标左键不放，拖动选中第一列数据；②按下键盘上的 Ctrl 键，继续选中最后一列数据，结果如图 4.21 所示。

学生成绩表

学号	姓名	性别	英语	计算机	数学	总分	平均分	排名
00230201	张宏	男	78	66	89	233	78	7
00230202	李秋	女	66	86	90	242	81	5
00230203	王楠	女	88	65	96	249	83	4
00230204	孙杰	男	82	86	70	238	79	6
00230205	张强	男	90	81	85	256	85	3
00230206	刘艳	女	100	85	77	262	87	2
00230207	张珊珊	女	75	59	75	209	70	9
00230208	李欣怡	女	83	85	56	224	75	8
00230209	周浩林	男	88	87	90	265	88	1
00230210	刘喜彤	男	55	67	78	200	67	10

图 4.21　选择数据区域

第2步：选择图表。①单击"插入"选项卡下"插入条形图"的下三角按钮；②选择"簇状条形图"选项，如图 4.22 所示。

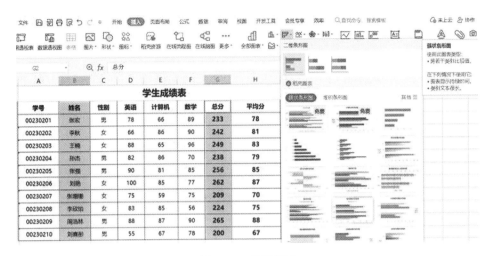

图 4.22 选择图表

第 3 步:查看图表创建效果。此时根据选中的数据便创建出了一个簇状条形图,效果如图 4.23 所示。

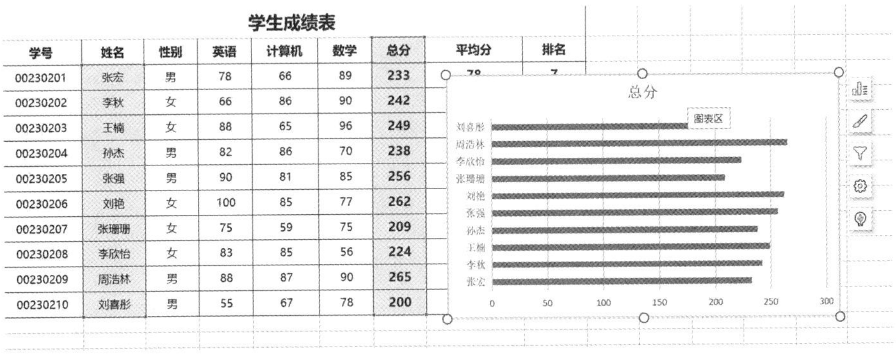

图 4.23 图表创建效果

2.更改图表类型

当发现图表类型不理想时,不用删除图表重新插入,只需要打开"更改图表类型"对话框重新选择图表即可。

第 1 步:打开"更改图表类型"对话框。选中图表,单击"图表工具"选项卡下的"更改类型"按钮,如图 4.24 所示。

第 2 步:选择图表。①在"更改图表类型"对话框中选择"簇状柱形图",如图 4.25 所示;②单击"确定"按钮。

第 3 步:查看图表更改效果。此时工作界面中的簇状条形图表就变成了簇状

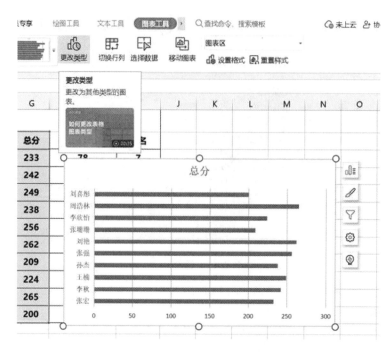

图 4.24 选中图表，单击"图表工具"选项卡下的"更改类型"按钮操作

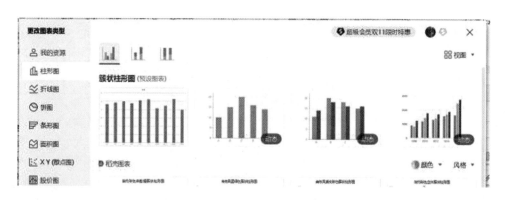

图 4.25 在"更改图表类型"对话框中选择"簇状柱形图"

柱形图表，效果如图 4.26 所示。

3. 调整图表数据排序

柱形图的作用是比较各项数据的大小，如果能调整数据排序，让柱形图按照从小到大或从大到小的顺序显示，图表信息将更容易被人理解，实现一目了然的效果。图表创建完成后，调整表格中创建图表时选中的数据，图表将根据数据的变化而变化。

学生成绩表

学号	姓名	性别	英语	计算机	数学	总分
00230201	张宏	男	78	66	89	233
00230202	李秋	女	66	86	90	242
00230203	王楠	女	88	65	96	249
00230204	孙杰	男	82	86	70	238
00230205	张强	男	90	81	85	256
00230206	刘艳	女	100	85	77	262
00230207	张珊珊	女	75	59	75	209
00230208	李欣怡	女	83	85	56	224
00230209	周浩林	男	88	87	90	265
00230210	刘喜彤	男	55	67	78	200

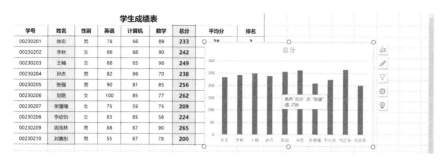

图 4.26　图表更改效果

第 1 步:排序表格数据。①选中“总分”单元格;②单击“开始”选项卡下的“排序”按钮,选择“升序”选项,如图 4.27 所示。

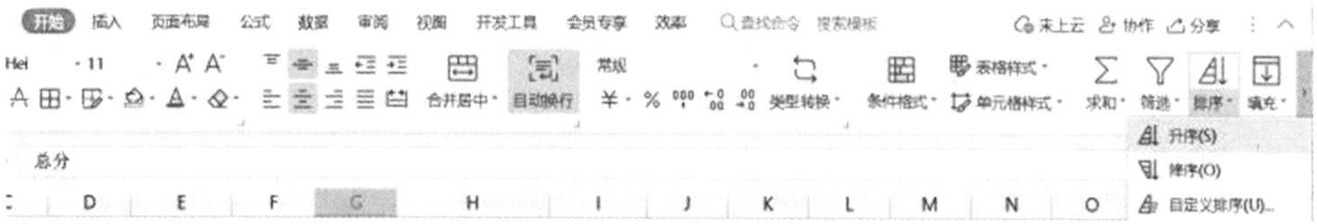

图 4.27　排序表格数据操作

第 2 步:查看排序效果。当表格原始数据进行排序更改后,柱形图中代表“总分”的柱形条高低也发生了变化,按照从低到高的顺序进行了排列,如图 4.28 所示,这让人一眼就可以看出学生总分情况。

学生成绩表

学号	姓名	性别	英语	计算机	数学	总分
00230210	刘喜彤	男	55	67	78	200
00230207	张珊珊	女	75	59	75	209
00230208	李欣怡	女	83	85	56	224
00230201	张宏	男	78	66	89	233
00230204	孙杰	男	82	86	70	238
00230202	李秋	女	66	86	90	242
00230203	王楠	女	88	65	96	249
00230205	张强	男	90	81	85	256
00230206	刘艳	女	100	85	77	262
00230209	周浩林	男	88	87	90	265

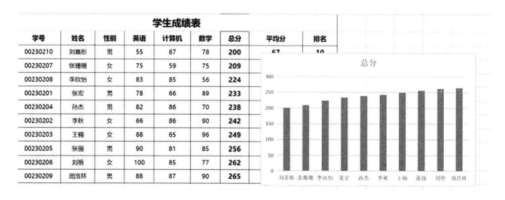

图 4.28　排序效果

二、调整图表布局

组成 WPS 表格图表的布局元素有很多,如坐标轴、标题、图例等。完成图表创建后，需要根据实际需求对图表布局进行调整，使其既满足数据意义表达，又能保证美观。

1. 快速布局

从效率上考虑，可以利用系统预置的布局样式对图表进行布局调整。方法如下：①单击"图表工具"选项卡下的"快速布局"按钮，如图 4.29 所示；②单击下拉菜单中"布局 3"选项。此时图表便会应用"布局 3"样式中的布局。

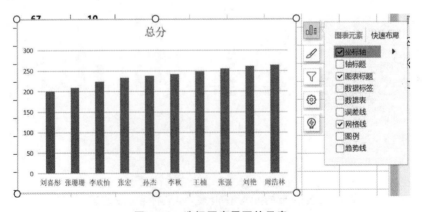

图 4.29　快速布局操作

2. 自定义布局

如果快速布局样式不能满足要求，还可以自定义布局。通过手动更改图表元素、图表样式和使用图表筛选器来自定义图表布局样式。

第 1 步：选择图表需要的元素。①单击图表右上角的"图表元素"按钮；②从弹出的"图表元素"列表中选择需要的图表布局，同时将不需要的布局元素取消，如图 4.30 所示。

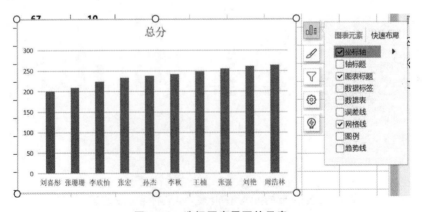

图 4.30　选择图表需要的元素

第2步:选择图标样式。①单击图表右上方的"图表样式"按钮;②在打开的样式列表中选择"样式15",如图4.31所示。

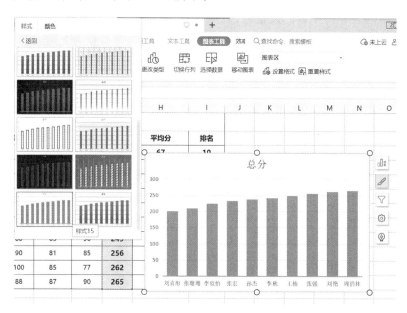

图 4.31　选择图标样式

第3步:筛选图表数据。图表并不一定要全部显示选中的表格数据,根据实际需求,可以选择隐藏部分数据,如这里可以将总分太低的学生进行隐藏。①单击图表右上方的"图表筛选器"按钮;②取消总分最低学生的选择,如图4.32所示;③单击"应用"按钮。

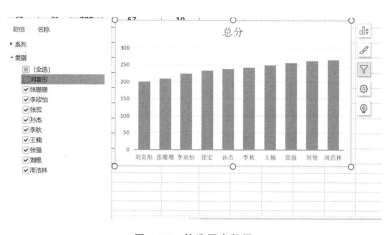

图 4.32　筛选图表数据

三、设置图表布局格式

当完成图表布局元素的调整后，需要对不同的布局元素进行格式设置，让不同的布局元素格式保持一致，并且最大限度地帮助图表表达数据意义。

1.设置标题格式

默认情况下，标题与表格中的数据字段名保持一致。完整的图表应该有一个完整的标题名，且标题的格式美观清晰。

第1步：删除原标题内容。将光标放到标题中，按下键盘上的 Delete 键，将原标题内容删除，如图 4.33 所示。

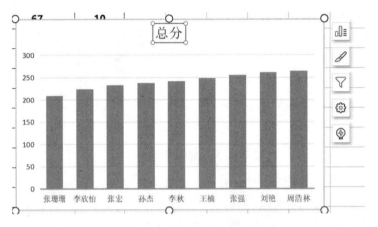

图 4.33　删除原标题内容

第2步：输入新标题并更改格式。①输入新标题内容；②在"开始"选项卡下设置标题的格式为"黑体、18 号、黑色、文本 1"，如图 4.34 所示。

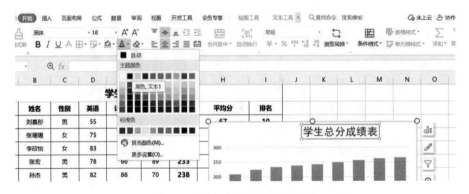

图 4.34　输入新标题并更改格式

2. 设置坐标轴标题格式

坐标轴标题显示了 Y 轴和 X 轴分别代表什么数据,因此,要调整坐标轴标题的文字方向、文字格式,让其传达的意义更加明确。

第1步:打开"设置坐标轴标题格式"窗口。右击图表 Y 轴的标题,单击菜单中的"设置坐标轴格式"选项,如图4.35所示。

图 4.35　设置坐标轴标题格式操作

第2步:默认情况下的 Y 轴标题文字不方便确认。①切换到"属性"窗口中的"文本选项"选项卡;②单击"文本框"按钮;③在"文字方向"菜单中选择"竖排(从右向左)"选项,如图4.36所示。

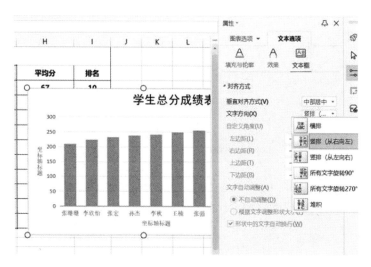

图 4.36　设置 Y 轴文字方向

第 3 步：关闭格式设置窗口。完成文字方向调整后，单击窗口右上方的"×"号，关闭窗口，如图 4.37 所示。

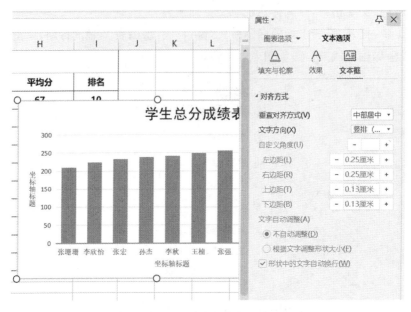

图 4.37　关闭格式设置窗口操作

第 4 步：调整文字格式。①输入 Y 轴标题；②设置 Y 轴标题的格式为"黑体、9号、黑色、文本 1"，如图 4.38 所示；③单击"字体"对话框启动器按钮。

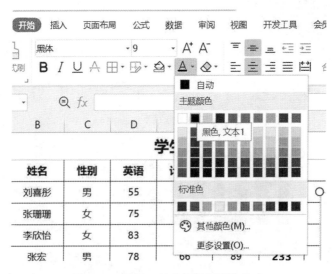

图 4.38　设置 Y 轴坐标轴标题的格式

第5步:设置标题字符间距和度量值。①在打开的"字体"对话框中,设置间距为"加宽、1.0磅",如图4.39所示;②单击"确定"按钮。

图4.39 设置标题字符间距和度量值

第6步:设置X轴标题格式。①设置X轴标题格式为"黑体、9号、黑色、文本1";②将光标放到标题上,当光标变成黑色箭头时,按住鼠标左键不放,拖动鼠标光标。移动X轴标题的位置到图表的左下方。

此时便完成了图表坐标轴标题的格式调整,如图4.40所示。

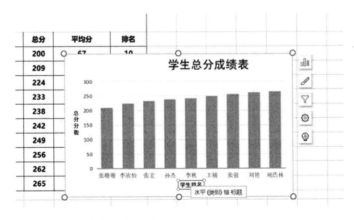

图4.40 完成图表坐标轴标题的格式调整

3.设置图例格式

图表图例显示说明了图表中数据的意义。默认情况下图例显示在图表下方，可以更改图表的位置及图例文字格式。

第1步：打开"设置图片格式"对话框。①选中图例，设置其字体格式为"黑体、9号、黑色、文本1"；②右击图表下方的图例，单击快捷菜单中的"设置图例格式"选项，如图4.41所示。

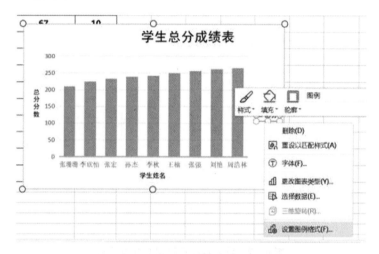

图4.41   单击快捷菜单中的"设置图例格式"选项

第2步：调整图例位置。在"图例选项"选项卡下"图例位置"中选择"靠上"选项，如图4.42所示。

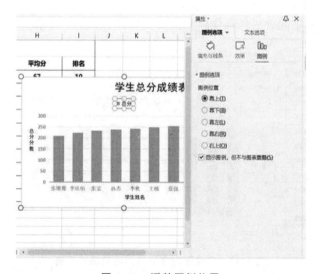

图4.42   调整图例位置

4.设置 Y 轴格式

图表的作用是将数据具体化、直观化,因此,调整坐标轴的数值范围可以让图表数据的对比更加明显。

第1步:设置 Y 轴的"最小值"。①双击 Y 轴,打开"属性"窗口,单击"坐标轴选项"选项卡下的"坐标轴"按钮;②在"最小值"中输入数值"200",如图 4.43 所示。

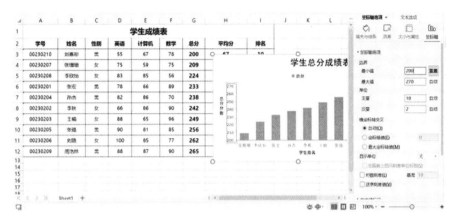

图 4.43 设置 Y 轴的"最小值"

第2步:查看坐标轴数值设置效果并删除 Y 轴。图表中的 Y 轴从数值"200"开始,并且图表中的柱形图对比更加明确。调整完 Y 轴数值后,由于图表中有数据标签,已经能够表示柱形条的数据大小,因此 Y 轴显得多余,按下键盘上的 Delete 键,将 Y 轴删除,如图 4.44 所示。

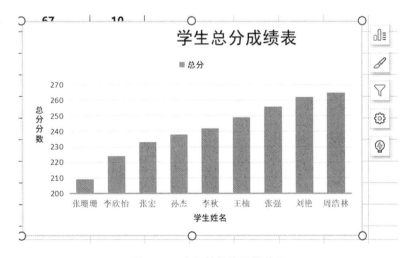

图 4.44 坐标轴数值设置效果

第3步：查看 Y 轴删除效果。Y 轴被删除后，图表更加简洁，也没有影响数据的阅读，如图 4.45 所示。

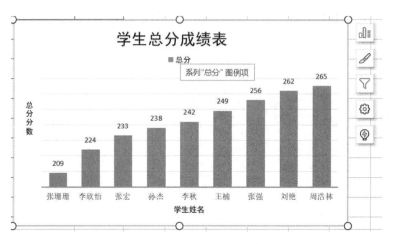

图 4.45　Y 轴删除后的效果

5.设置系列颜色

柱形图表的系列颜色可以重新设置，设置的原则有两个：一是保证颜色意义表达无误，如示例中，柱形图都表示总成绩数据，它们的意义相同，因此颜色也应该相同；二是保证颜色与 WPS 表格中的表格数据、图表其他元素颜色相搭配。

第1步：选择颜色。①选中图表中的柱形图，单击"绘图工具"选项卡下的"填充"按钮；②从下拉菜单中选择一种颜色（见图 4.46）。

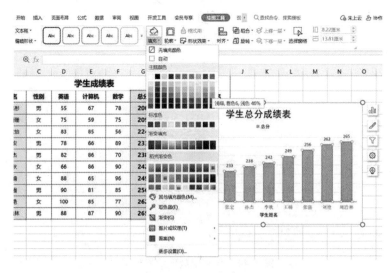

图 4.46　选择颜色

第2步:查看颜色设置效果。如图4.47所示,数据系列颜色被改变了,且与WPS表格中原始的表格数据颜色相搭配。

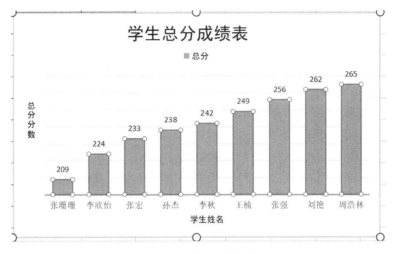

图 4.47 颜色设置效果

6.设置数据标签格式

数据标签显示了每一项数据的具体值,标签数量较多,因此字号应该更小。①选中标签;②在"字体"组中设置字号为"8",颜色为"黑色、文本1",效果如图4.48所示。

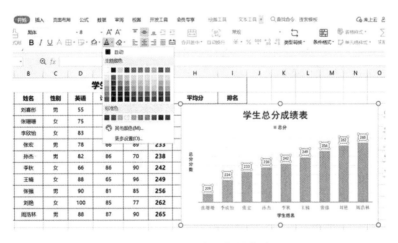

图 4.48 设置数据标签格式

7.设置 X 轴格式

X 轴可以设置其轴线条格式,使其更加明显,还可以设置轴标签的格式,以方便辨认。

第 1 步：设置坐标轴线条格式。①双击 X 轴，打开"属性"窗格，切换到"填充与线条"选项卡，如图 4.49 所示；②选择"线条"为实线；③设置颜色为"黑色、文本1"，宽度为"1.25 磅"。

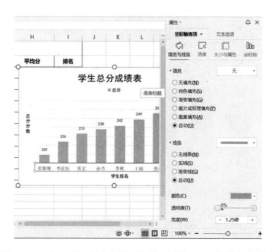

图 4.49   打开"属性"窗格，切换到"填充与线条"选项卡

第 2 步：设置 X 轴标签文字格式。①选中 X 轴的标签文字；②在"字体"组中设置其字体为"宋体、9 号、黑色、文本 1"，如图 4.50 所示。

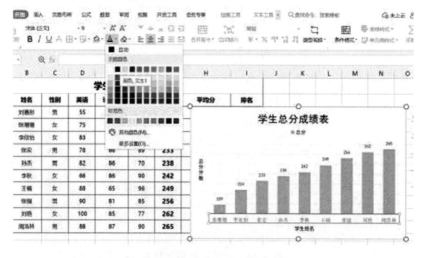

图 4.50   设置 X 轴标签文字格式

任务4　管理与分析学生成绩表

在制作了学生成绩表和图表后，还需要进行有效的管理和分析。这不仅能够帮助我们提高工作效率，还能够让我们更深入地理解数据，发现数据中的趋势和规律。

WPS表格最基本的功能就是对数据进行排序，方法是使用"升序"或"降序"功能，也可以为数据添加排序按钮。

一、排序分析"平均分"

1. 对某列数据升序或降序排序

对某列数据升序或降序排序操作如下。

第1步：降序操作。①在"平均分"单元格上右击鼠标；②选择快捷菜单中的"排序"选项；③选择"降序"选项，如图4.51所示。

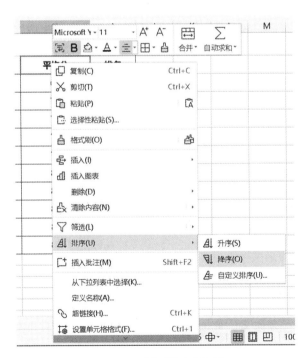

图4.51　选择"降序"选项

第 2 步：查看排序结果。此时"平均分"列的数据就变为降序排序，如图 4.52 所示。如果需要对这列数据或其他列数据进行升序排列，选择"升序"即可。

学号	姓名	性别	英语	计算机	数学	总分	平均分
				学生成绩表			
00230209	周浩林	男	88	87	90	265	88
00230206	刘艳	女	100	85	77	262	87
00230205	张强	男	90	81	85	256	85
00230203	王楠	女	88	65	96	249	83
00230202	李秋	女	66	86	90	242	81
00230204	孙杰	男	82	86	70	238	79
00230201	张宏	男	78	66	89	233	78
00230208	李欣怡	女	83	85	56	224	75
00230207	张珊珊	女	75	59	75	209	70
00230210	刘嘉彤	男	55	67	78	200	67

图 4.52 "平均分"降序排序结果

2. 添加按钮进行排序

如果需要对 WPS 表格的数据多次进行排序查看，为了方便操作，可以添加按钮，通过按钮菜单快速操作。

第 1 步：选择"筛选"选项。①单击"开始"选项卡下的"筛选"按钮；②选择下拉菜单中的"筛选"选项，如图 4.53 所示。

图 4.53 选择"筛选"选项

第 2 步：通过按钮执行排序操作。①此时可以看到表格的第一行出现了若干倒三角按钮，单击"总分"单元格按钮；②单击下拉菜单中的"升序"选项，如图 4.54 所示。

第 3 步：查看排序结果。此时"总分"列的数据就进行了升序排序，如图 4.55 所示。如果要对其他列的数据进行排序操作，也可以单击该列的按钮进行查看。

图4.54　通过按钮执行升序排序操作

				学生成绩表				
00230210	刘喜彤	男	55	67	78	200	67	#N/A
00230207	张珊珊	女	75	59	75	209	70	9
00230208	李欣怡	女	83	85	56	224	75	8
00230201	张宏	男	78	66	89	233	78	7
00230204	孙杰	男	82	86	70	238	79	6
00230202	李秋	女	66	86	90	242	81	5
00230203	王楠	女	88	65	96	249	83	4
00230205	张强	男	90	81	85	256	85	3
00230206	刘艳	女	100	85	77	262	87	2
00230209	周浩林	男	88	87	90	265	88	1

图4.55　"总分"升序排序结果

3.应用表格筛选功能快速排序

在表格对象中将自动启动筛选功能,此时利用列标题下拉菜单中的排序命令可快速对表格数据进行排序。

第1步:单击"表格"按钮。单击"插入"选项卡下的"表格"按钮,如图4.56所示。

第2步:①在弹出的"创建表"对话框中设定表格数据区域;这里将 WPS 表格中所有的数据都设定为需要排序的区域,选择"表包含标题"选项;②单击"确定"按钮,如图4.57所示。

图 4.56　单击"插入"选项卡下的"表格"按钮

第 3 步：进行排序操作。①此时表格对象添加了自动筛选功能，单击表格中数据列的倒三角按钮；②选择下拉菜单中的"降序"选项，即可实现数据列的排序操作，如图 4.58 所示。

图 4.57　"创建表"对话框

图 4.58　进行排序操作

二、筛选分析

为了进一步对学生成绩进行分析，如对男生或女生的成绩进行分类分析或者对某一门课程的成绩进行进一步分析,就可以用到筛选功能。

1.自动筛选

第1步:打开学生成绩表文件,单击"开始"选项卡下的"筛选"按钮,选择下拉菜单中"筛选"选项,如图4.59所示。

图4.59 单击"开始"选项卡中"筛选"按钮下的"筛选"选项

第2步:设置筛选条件。此时工作表进入筛选状态,各标题字段的右侧出现了一个下拉按钮。①单击"性别"旁边的筛选按钮;②在弹出的下拉列表中,取消"全选"按钮;③勾选"男"选项,如图4.60所示;④单击"确定"按钮。

图4.60 设置筛选条件

第3步：查看筛选结果。此时所有与"男"相关的数据便被筛选出来，效果如图4.61所示。

						学生成绩表			
00230209	周浩林	男	88	87	90	**265**	**88**	1
00230205	张强	男	90	81	85	**256**	**85**	3
00230204	孙杰	男	82	86	70	**238**	**79**	6
00230201	张宏	男	78	66	89	**233**	**78**	7
00230210	刘喜彤	男	55	67	78	**200**	**67**	10

图 4.61　筛选结果

第4步：全部显示。完成筛选后，单击"开始"选项卡下的"筛选"按钮，选择下拉菜单中的"全部显示"选项，即可清除筛选，显示出所有的数据，如图4.62所示。

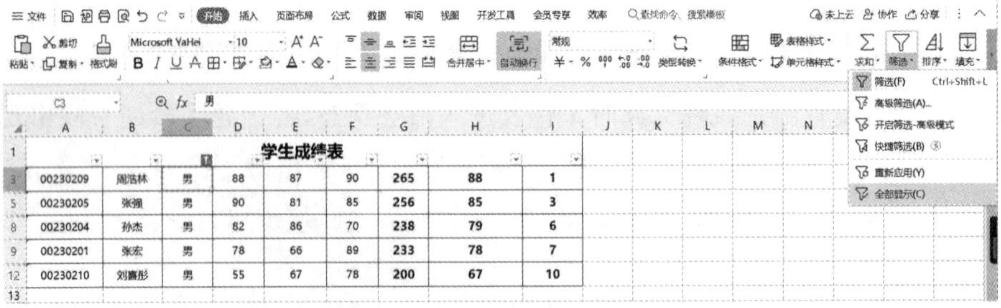

图 4.62　设置全部显示操作

2. 自定义筛选

自定义筛选是指通过定义筛选条件，查询符合条件的数据记录。在 WPS 表格中，自定义筛选可以筛选出等于、大于、小于某个数的数据，还可以通过"或""与"这样的逻辑用语筛选数据。

筛选小于或等于某个数的数据只需要设置好数据大小，即可完成筛选。

第1步：选择条件。①单击"英语"单元格的筛选按钮；②单击"数字筛选"按钮；③选择"小于或等于"选项，如图4.63所示。

第2步：设置"自定义自动筛选方式"对话框。①在打开的"自定义自动筛选方式"对话框中填入数据"80"，如图4.64所示；②单击"确定"按钮。

第3步：查看筛选结果。此时 WPS 学生成绩表中英语成绩低于80分的学生便被筛选了出来，如图4.65所示。

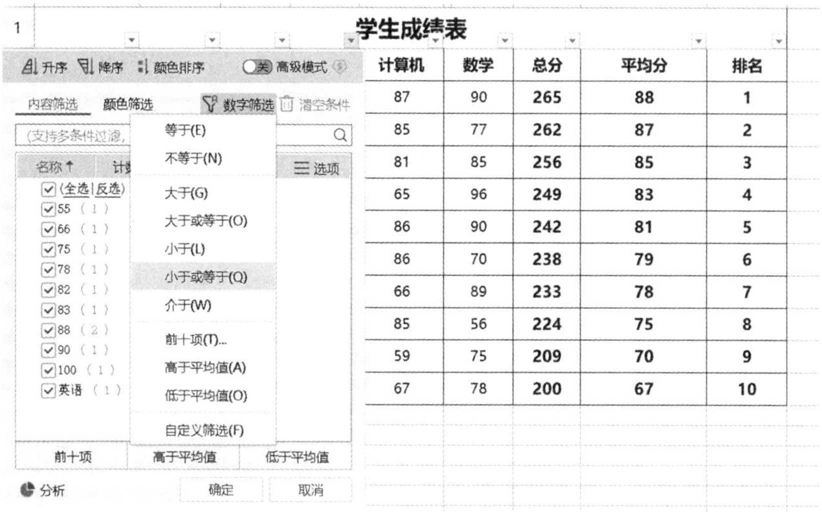

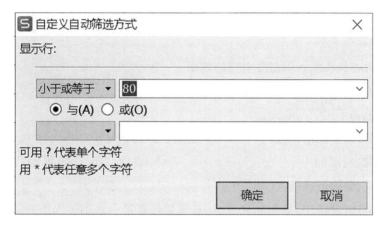

图 4.63　选择条件

图 4.64　设置"自定义自动筛选方式"对话框

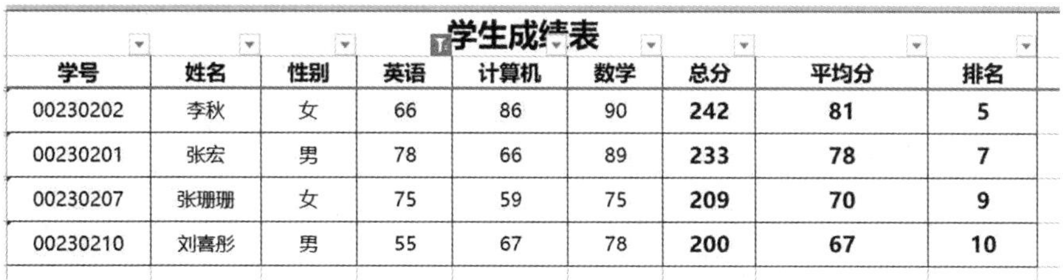

学号	姓名	性别	英语	计算机	数学	总分	平均分	排名
00230202	李秋	女	66	86	90	242	81	5
00230201	张宏	男	78	66	89	233	78	7
00230207	张珊珊	女	75	59	75	209	70	9
00230210	刘喜彤	男	55	67	78	200	67	10

图 4.65　筛选结果

【练习题】

1.在 WPS 表格中,可以插入列的操作是(　　)。

A.插入、列   B.表格、列

C.新建、列   D.以上都不对

2.在 WPS 表格中,使用 SUM 函数计算某一行的总和的正确命令是(　　)。

A.SUM(A1:A10)   B.SUM(1:10)

C.SUM(A10:A1)   D.SUM(10:1)

3.在 WPS 表格中,通过(　　)可以设置单元格的格式。

A.格式、单元格   B.单元格、格式

C.新建、单元格   D.以上都不对

4.在 WPS 表格中,使用 VLOOKUP 函数查找并引用另一个表格中的数据的方法是(　　)。

A.在需要引用的表格中输入 VLOOKUP 函数,然后输入查找的值和查找的范围

B.使用查找功能找到需要引用的数据

C.将需要引用的数据复制粘贴到另一个表格中

D.以上都不对

5.在 WPS 表格中,通过(　　)可以删除一行或一列。

A.删除、行或列   B.表格、删除行或列

C.新建、删除行或列   D.以上都不对

6.在 WPS 表格中,使用 AVERAGE 函数计算某一列的平均值的正确命令是(　　)。

A.AVERAGE(A1:A10)   B.AVERAGE(1:10)

C.AVERAGE(A10:A1)   D.AVERAGE(10:1)

7.在 WPS 表格中,筛选出符合特定条件的数据的方法是(　　)。

A.使用查找功能查找需要的数据

B.使用筛选功能筛选出符合条件的数据

C.将符合条件的数据复制粘贴到另一个表格中

D.以上都不对

8.在 WPS 表格中,合并多个单元格的方法是(　　)。

A. 选中需要合并的单元格,然后选择"合并、合并单元格"选项

B. 选中需要合并的单元格,然后使用快捷键"Ctrl＋M"

C. 选中需要合并的单元格,然后使用快捷键"Alt＋M"

D. 以上都不对

9. 在 WPS 表格中,通过(　　)可以设置单元格的边框和底纹。

A. 格式、单元格　　　　　　　　　B. 单元格、格式

C. 新建、单元格　　　　　　　　　D. 以上都不对

10. 在 WPS 表格中,使用 RANK 函数计算某一列中数据的排名的正确命令是
(　　)。

A. RANK(A1:A10)　　　　　　　B. RANK(1:10)

C. RANK(A10:A1)　　　　　　　D. RANK(10:1)

11. 在 WPS 表格中,使用 MAX 和 MIN 函数查找某一列的最大值和最小值的
正确命令是(　　)。

A. MAX(A1:A10),MIN(A1:A10)

B. MAX(1:10),MIN(1:10)

C. MAX(A10:A1),MIN(A10:A1)

D. MAX(10:1),MIN(10:1)

12. 在 WPS 表格中,使用 IF 函数对数据进行条件判断的正确语句是(　　)。

A. IF(A1＞B1,"Yes","No")

B. IF(A1＞B1,"No","Yes")

C. IF(A1＜B1,"Yes","No")

D. IF(A1＜B1,"No","Yes")

13. 在 WPS 表格中,通过(　　)可以插入行。

A. 插入、行　　　　　　　　　　B. 表格、行

C. 新建、行　　　　　　　　　　D. 以上都不对

14. 在 WPS 表格中,使用 COUNTIF 函数计算某一列中满足特定条件的数据
个数的正确命令是(　　)。

A. COUNTIF(A1:A10,"特定条件")

B. COUNTIF(1:10,"特定条件")

C. COUNTIF(A10:A1,"特定条件")

D. COUNTIF(10:1,"特定条件")

15. 在 WPS 表格中，通过（　　）可以对数据进行排序。

A. 选中数据，然后选择"排序"选项

B. 选中数据，然后使用快捷键"Ctrl+Shift+L"

C. 选中数据，然后使用快捷键"Alt+Shift+L"

D. 以上都不对

16. 在 WPS 表格中，创建和编辑多个工作表的方法是（　　）。

A. 右键单击工作表标签，选择"新建"选项，然后输入工作表名称

B. 右键单击工作表标签，选择"编辑"选项，然后输入工作表名称

C. 单击工作表标签，输入工作表名称，然后按回车键

D. 以上都不对

17. 在 WPS 表格中，通过（　　）可以设置单元格的背景色。

A. 格式、单元格　　　　　　　　B. 单元格、格式

C. 新建、单元格　　　　　　　　D. 以上都不对

18. 在 WPS 表格中，使用 HLOOKUP 函数查找并引用另一个表格中的数据的方法是（　　）。

A. 在需要引用的表格中输入 HLOOKUP 函数，然后输入查找的值和查找的范围

B. 使用查找功能找到需要引用的数据

C. 将需要引用的数据复制粘贴到另一个表格中

D. 以上都不对

19. 在 WPS 表格中，使用 AVERAGE 函数计算某一行的平均值的正确命令是（　　）。

A. AVERAGE(A1:A10)　　　　　B. AVERAGE(1:10)

C. AVERAGE(A10:A1)　　　　　D. AVERAGE(10:1)

20. 在 WPS 表格中，通过（　　）可以插入单元格。

A. 插入、单元格　　　　　　　　B. 表格、单元格

C. 新建、单元格　　　　　　　　D. 以上都不对

21. 在 WPS 表格中，使用 COUNTIFS 函数计算满足多个条件的数据个数的正确命令是（　　）。

A. COUNTIFS(A1:A10,">=5",B1:B10,"<=10")

B. COUNTIFS(1:10,">=5",1:10,"<=10")

C. COUNTIFS(A10:A1,">=5",B1:B10,"<=10")

D. COUNTIFS(10:1,">=5",1:10,"<=10")

22. 在 WPS 表格中,使用 OR 函数对数据进行多重条件判断的正确命令是(   )。

A. OR(A1>B1,A2<B2)　　　　　　B. OR(A1,B2)

C. OR(A1:A2,B1:B2)　　　　　　D. OR(A1>B1,A2<B2,A3>B3)

23. 在 WPS 表格中,使用 INDEX 和 MATCH 函数查找某个数据在表格中的位置的正确命令是(   )。

A. INDEX(A1:A10,MATCH(value,A1:A10,0))

B. INDEX(A1:A10,MATCH(value,A1:A10))

C. INDEX(A1:A10,MATCH(value,A1:A10,-1))

D. INDEX(A1:A10,MATCH(value,A1:A10))

24. 在 WPS 表格中,通过(   )可以隐藏和显示单元格。

A. 格式、单元格　　　　　　　　B. 单元格、格式

C. 新建、单元格　　　　　　　　D. 以上都不对

25. 在 WPS 表格中,使用 VLOOKUP 函数查找并引用另一个表格中的数据,并返回多个结果的方法是(   )。

A. 在需要引用的表格中输入 VLOOKUP 函数,然后输入查找的值和查找的范围,最后设置返回值的列数

B. 使用查找功能找到需要引用的数据,然后复制粘贴到另一个表格中

C. 将需要引用的数据复制粘贴到另一个表格中,然后使用查找功能找到需要引用的数据

D. 以上都不对

26. 在 WPS 表格中,使用 RANK 函数对数据进行排名的正确命令是(   )。

A. RANK(A1:A10,1)　　　　　　B. RANK(1:10,1)

C. RANK(A10:A1,1)　　　　　　D. RANK(10:1,1)

27. 在 WPS 表格中,使用条件格式化功能对数据进行格式化的方法是(   )。

A. 选中数据,然后选择"条件格式化"选项

B. 选中数据,然后使用快捷键"Ctrl+Shift+F"

C. 选中数据,然后使用快捷键"Alt+Shift+F"

D. 以上都不对

28. 在 WPS 表格中,通过( )可以添加批注。

A. 插入、批注   B. 表格、批注

C. 新建、批注   D. 以上都不对

29. 在 WPS 表格中,使用 SUMIFS 函数计算满足多个条件的数据总和的正确命令是( )。

A. SUMIFS(A1:A10,">=5",B1:B10,"<=10")

B. SUMIFS(1:10,">=5",1:10,"<=10")

C. SUMIFS(A10:A1,">=5",B1:B10,"<=10")

D. SUMIFS(10:1,">=5",1:10,"<=10")

30. 在 WPS 表格中,使用 COUNTIF 函数计算某一列中重复数据的个数的正确命令是( )。

A. COUNTIF(A1:A10,"<>"&A1)   B. COUNTIF(A1:A10,A1)

C. COUNTIF(A1:A10,"<>")   D. COUNTIF(A1:A10,"*")

31. 在 WPS 表格中,通过( )可以创建图表。

A. 插入、图表   B. 表格、图表

C. 新建、图表   D. 以上都不对

32. 在 WPS 表格中,图表类型不包括( )。

A. 柱形图   B. 饼图

C. 折线图   D. 散点图

33. 在 WPS 表格中,通过( )更改图表的标题。

A. 选中图表,然后选择"图表标题"选项

B. 选中图表,然后使用快捷键"Ctrl+Title"

C. 选中图表,然后在编辑栏中输入新的标题

D. 以上都不对

34. 在 WPS 表格中,通过( ),添加数据标签到图表中。

A. 选中图表,然后选择"数据标签"选项

B. 选中图表,然后使用快捷键"Ctrl+L"

C. 选中图表,然后在编辑栏中输入数据标签

D. 以上都不对

35. 在 WPS 表格中,通过( )可以更改图表的类型。

A. 更改、类型   B. 更改、格式

C.格式、类型　　　　　　　　　　　　　　D.以上都不对

36.在 WPS 表格中,通过(　　　),更改图表的样式。

A.选中图表,然后选择"样式"选项

B.选中图表,然后使用快捷键"Ctrl+S"

C.选中图表,然后在编辑栏中输入新的样式

D.以上都不对

37.在 WPS 表格中,通过(　　　),将图表移动到其他位置。

A.选中图表,然后使用快捷键"Ctrl+M"

B.选中图表,然后使用快捷键"Ctrl+X"

C.选中图表,然后使用快捷键"Ctrl+C"

D.以上都不对

38.在 WPS 表格中,通过(　　　)删除图表。

A.选中图表,然后选择"删除"选项

B.选中图表,然后使用快捷键"Ctrl+D"

C.选中图表,然后在编辑栏中输入删除命令

D.以上都不对

模块 5　WPS 演示的应用

· 学习目标 ·

　　数字化时代,掌握高效的演示技能对我们每个人来说都至关重要。WPS 演示作为一款广受欢迎的演示文稿制作软件,其作用和重要性不言而喻。通过本模块的学习,我们将全面了解 WPS 演示的常用技能,掌握制作精美演示文稿的技巧,为学习和工作带来更多便利。

　　WPS 演示广泛应用于商务演讲、教育培训、产品展示等领域,它可以帮助我们快速创建具有吸引力的演示文稿,提高沟通效果。通过学习 WPS 演示,我们将能够轻松制作出各种风格的幻灯片,包括文字排版、图片插入、动画效果等,从而让演示更加生动有趣。

　　我们可以利用丰富的模板和素材库来创建个性化的演示方案。此外,WPS 演示还提供了丰富的幻灯片切换效果,让演示更具吸引力。同时,我们还可以在演示中插入各种图表和图形,如柱状图、折线图和饼图等,以便更直观地展示数据和观点。

　　通过本模块的学习,我们将掌握 WPS 演示的核心技能。无论是面对学校报告、企业项目展示还是个人投资计划,我们都能够运用所学知识制作出精美的演示文稿,更加自信地与他人分享观点和成果。

　　本模块将以两个实际案例作为任务,在完成任务的过程中,将穿插从基础知识到部分高级技巧的讲解。理论和实践操作相结合的方式有助于全面掌握 WPS 演示的核心技能。

任务 1　制作企业宣传及产品推介演示文稿

在任务1中,我们主要学习如何利用 WPS 演示工具的强大功
能,创建专业且有吸引力的企业宣传和产品推介演示文稿。我们会
逐步学习如何选择和应用合适的主题、如何添加和编辑幻灯片、如何
插入和调整图像、图表、表格等内容,以及如何进行文本的排版和样

式设计。完成此任务后,我们能够制作出视觉醒目且信息丰富的演示文稿,为企业
的宣传和推介工作提供强有力的支持。

一、了解企业宣传和产品推介演示文稿的结构及重难点

企业宣传和产品推介的演示文稿是一种重要的商业交流工具,主要用于向潜
在客户、合作伙伴或投资者展示企业的价值主张、产品特性、市场定位等信息。一
个有效的演示文稿应该能够明确地传达信息,吸引眼球,并给观众留下深刻的
印象。

在开始制作演示文稿前,首先要明确它的目的:你想让观众了解什么? 这将有
助于确定文稿的内容和结构。

在演示文稿的开头部分,应该简洁地介绍企业的基本信息,如企业名称、所在
地、主要业务等,以及企业的愿景、使命和价值观,以建立信任和信誉。这部分是展
示公司形象和价值观的关键。

产品介绍部分应详细介绍产品的特性、功能、优势等。 使用具体的例子和数
据,来证明产品如何满足用户的需求,或者如何比竞争对手更优秀。此外,如果有
任何独特的技术或设计,也应予以强调。这部分的目标是让观众了解产品,并让他
们理解产品的价值,这一点需要准确、清晰传递给观众。 如何在短时间内让观众留
下深刻印象是演示的难点。

市场分析部分需要分析并展示目标市场的规模、增长率、竞争态势等信息,以
此来证明产品的市场潜力。同时,通过用户画像、市场细分等方法,明确目标客户
群体。这部分的目标是为观众展示产品的市场前景。

接下来,解释市场商业模式和营销策略,例如如何通过销售产品来赚钱,包括
定价策略、销售渠道、推广方法等。同时,说明企业的独特竞争优势,例如专利、知

识产权、独特的供应链等。这部分可以帮助观众理解企业在市场中获得的优势。

团队介绍部分则应介绍主要团队成员的经历和技能，特别是如何帮助公司实现其目标。这将有助于观众了解公司的能力，提升对公司的信心。

最后需要分享公司的未来计划和愿景，以激发观众的期待。内容可以包括新产品、市场拓展、战略合作等信息。在演示文稿的结尾，明确地告诉观众希望他们采取什么行动（如购买产品、签订合同、投资等）。

在设计演示文稿时，注意保持内容的连贯性和逻辑性。每一张幻灯片都应该有明确的主题，并且与其他幻灯片有逻辑的联系。此外，尽量使用易于理解的语言和视觉元素，如图表、图片、动画等，以便于观众理解和记忆。

最后，尽管演示文稿的内容很重要，但演讲者的表现也同样关键。有效的表达、自信的态度、热情的讲解都将有助于赢得观众的信任和青睐。

二、演示文稿制作过程

1. 计划和设计演示文稿

计划和设计演示文稿首先需要明确演示文稿的主题和内容。根据企业和产品的特点，选择合适的语言和视觉元素来表达信息。为了使演示文稿有条理，可以先创建一个大纲，列出每一部分或每一幻灯片要包含的主要内容。也可以先考虑一下演示文稿的结构，例如，可以按照"介绍—主题—结论"的结构来组织演示文稿的内容。在下文的案例中，将以"悦己"公司举例说明。该公司是一个生产各种功能饮品的现代化企业。现在需要为公司和他们的系列饮品制作一份企业宣传和产品推介的演示文稿。

通过对该公司的了解，我们可以先列出如下演讲提纲。

"悦己"功能饮品企业宣传与产品推介演示大纲

一、开场介绍

1. 欢迎语

2. 公司背景与使命

3. 产品理念与特点

二、公司背景与使命

1. 公司发展历程

2. 核心团队成员介绍

3. 公司使命与愿景

三、产品理念与特点

1. 产品设计理念

2. 产品特点与优势

3. 产品研发过程与技术应用

四、产品系列介绍

1. 系列一:能量饮品

2. 系列二:美容饮品

3. 系列三:健康饮品

4. 系列四:特别定制饮品

五、产品应用场景与效果展示

1. 办公族提神醒脑

2. 运动爱好者恢复体力

3. 美容爱好者肌肤养护

4. 健康追求者营养补充

5. 特别定制需求解决方案

六、用户反馈与案例展示

1. 用户满意度调查

2. 典型用户案例分享

3. 合作伙伴成就展示

七、市场竞争力与未来规划

1. 市场竞争分析

2. 公司核心竞争优势

3. 产品未来发展规划与目标市场策略

八、问答环节与互动交流

1. 邀请观众提问或分享体验感受

2. 产品体验活动或礼品赠送环节互动交流

以上就是一份内容比较全面的演讲大纲,然后再根据大纲的内容逐一添加各个部分的内容,演示文稿的文字在精不在多,尽量做到言简意赅、提纲挈领。

2. 添加和编辑幻灯片

在 WPS 演示中,我们可以通过菜单栏上的"新建幻灯片"按钮来添加新的幻灯片。也可以通过右键单击幻灯片缩略图,然后选择"新建幻灯片"来添加新的幻灯片。每一个幻灯片都代表了演示文稿中的一个部分或一个主题。建立一个空白的幻灯片操作如图5.1所示。

（a）　　　　　　　　　　　　　　　　（b）

（c）

图 5.1　建立一个空白的 WPS 操作

编辑幻灯片主要是在幻灯片上添加和调整元素。我们可以添加文本框、图片、图表、形状等元素，通过拖动元素的边框来改变元素的大小和位置。也可以通过右键单击元素，然后选择"格式"来调整元素的颜色、字体、边框、填充等属性。

（1）使用文本框输入文字内容。单击菜单上的"插入"选项，选择"文本框"，如图 5.2 所示。可以插入多个文本框，用于不同级别的内容，比如一级标题、二级标题、正文内容等。我们也可以通过"复制"和"粘贴"功能来复制已有的文本到文本框中。输入了文字内容的文本框如图 5.3 所示。

（2）调整文本框及文本的格式。除了可以使用菜单栏上的文字设置选项（见图5.4）来调整文本框中的格式外，还可以进行快捷设置。例如，选中文本框，单击鼠标右键，在出现的快捷菜单（见图 5.5）中可以对文本进行字体、字号、颜色等操作；选中文本框，单击鼠标左键，会出现快速工具栏，如图 5.6 所示，可以对文本框进行各种个性化设置。通过这些丰富的设置功能,稍加练习,就能很容易将文字内容调整为我们想要的样式。

图 5.2 单击菜单上的"插入"选项,选择"文本框"

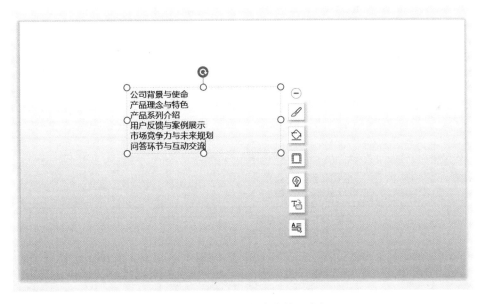

图 5.3 输入了文字内容的文本框

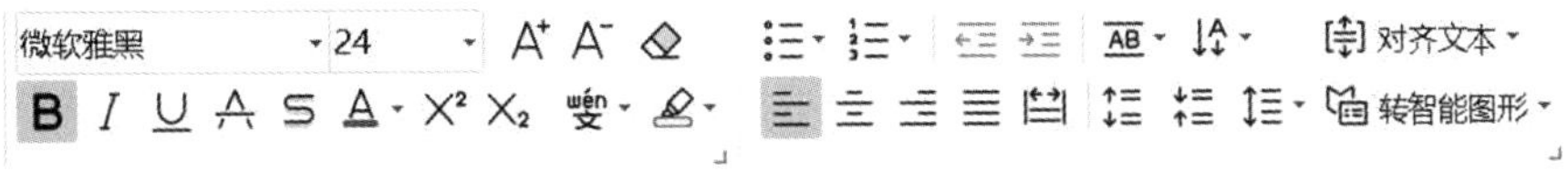

图 5.4 菜单栏上的文字设置选项

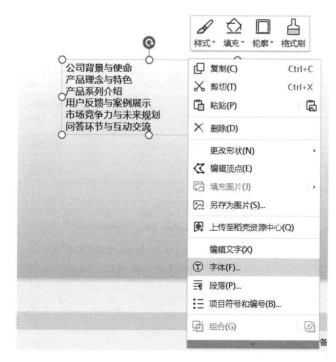

图 5.5 选中文本框，单击鼠标右键出现的快捷菜单

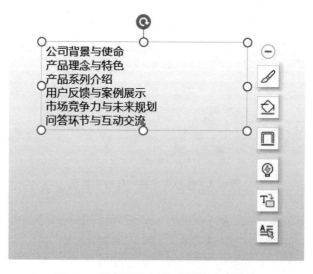

图 5.6 单击鼠标左键，出现快速工具栏

（3）添加形状。在演示文档中适当地添加一些形状和符号，可以让版面看起来更加醒目和清晰。单击菜单栏的"插入"选项，单击"形状"选项，可以看到类型多样的形状可供选择，如图 5.7 所示。我们这里选择两个大小不同的圆形进行堆叠，并设置不同的颜色，如图 5.8 所示。

图 5.7　"形状"选项

图 5.8　选择两个大小不同的圆形进行堆叠的效果

（4）插入图片和图表。我们可以通过菜单栏上的"插入"功能来插入图片和图表。对于图片，可以选择从文件中插入或者从剪贴板中插入。可以通过拖动图片的边框来调整图片的大小和位置。对于图表，首先需要选择一个图表类型，然后在弹出的数据表中输入数据。我们可以通过右键单击图表，然后选择"编辑数据"来修改图表的数据。

（5）依照上述的一些基本操作，就可以完成一份演示文档的制作。

（6）我们可以通过菜单栏上的"设计"功能（见图 5.9）来制作设计模板和主题。设计模板（见图 5.10）是预设的幻灯片设计，包括背景、字体、颜色等。主题是一组配套的设计元素，包括字体、颜色、效果等。我们可以通过预览功能来预览不同的设计模板和主题。幻灯片设置效果如图 5.11 所示。

图 5.9　菜单栏上的"设计"功能

图 5.10　设计模板

以上就是我们使用 WPS 演示制作企业宣传及产品推介演示文稿的基本步骤。在实际操作中，我们还可以根据需要使用更多的 WPS 演示功能（如动画、音视频等）来丰富演示文稿。

图 5.11　幻灯片设置效果

任务 2　企业宣传及产品推介演示文稿动画设计与放映

在任务 2 中，我们将进一步学习如何给演示文稿添加动画效果，使其更具动态感和视觉冲击力，还将学习使用 WPS 演示工具进行演示文稿的放映和控制。我们会学习如何为文本、图片和其他元素添加和调整动画，如何设置动画的播放顺序和速度以及如何在放映过程中进行幻灯片的切换和标注。掌握以上技能后，我们不仅能制作出富有动态美感的演示文稿，还能熟练掌握如何在各种场合下进行有效的演示和放映。

一、企业宣传及产品推介演示文稿动画设计与放映

在 WPS 演示中，我们可以对文本、图片、形状等元素添加各种动画效果。动画效果主要分为四种类型：入场动画、强调动画、退出动画和路径动画。每种类型下又有多种具体的效果可以选择，如淡入淡出、飞入飞出、缩放、旋转、颜色变化等。

入场动画：这种动画用于元素首次出现在幻灯片上时，如淡入、飞入等。

强调动画：这种动画用于突出已经出现在幻灯片上的元素，如放大、闪烁、颜色变化等。

退出动画：这种动画用于元素离开幻灯片时，如淡出、飞出等。

路径动画：这种动画可以使元素沿着指定的路径移动，路径可以是直线、曲线或自定义的形状。

为了更好地控制动画的效果和节奏，还可以设置动画的开始方式（如单击、与上一动画同时、在上一动画之后）、持续时间和延迟时间。此外，我们还可以通过动画窗格来查看和管理所有的动画效果。

我们可以通过播放工具栏或快捷键来控制演示文稿的播放。播放工具栏包括开始/暂停、上一步/下一步、全屏/退出全屏、黑屏/白屏等按钮，可以方便我们进行基本的播放操作。

对于更高级的操作，可以使用演示者视图，它提供了当前幻灯片、下一幻灯片、演示笔记、时间计时等信息，帮助我们更好地控制和导航演示文稿。此外，我们还可以使用激光笔、画笔或高光笔工具来注解幻灯片，突出重要的内容或者引导观众的视线。

二、详细操作步骤

1.添加动画

选择需要添加动画的对象,然后在菜单栏中单击"动画"。在弹出的动画面板中,可以看到各种不同类型的动画,例如进入、强调、退出等。选择一个合适的动画效果后,可以在动画列表中看到它。

以前文制作好的一页演示文稿作为案例来加以介绍,其他页面的动画效果,同学们可以自行尝试,多加练习。

(1)选中该页面,单击菜单栏上的动画选项,此时工具栏会出现相应的变化,或者单击最右侧的快捷工具面板上的星星图标,也会调出动画设置的选项卡面板。演示页面上的每一个文本框、图形、图片都是一个对象,我们可以选取其中一个,对其设置动画效果。

(2)选中产品理念对应的文本框,在右侧的动画窗格面板中选择添加效果,例如选择百叶窗效果,就可以为该文本框添加一个百叶窗的动画效果。设置完成后,我们可以在动画窗格面板中看到该动画的各种设置,单击播放按钮就可以观看该动画的演示效果。

动画效果添加操作如图 5.12 所示。

(a)

(b)

图 5.12 动画效果添加操作

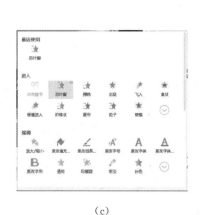

（c）　　　　　　　　　　　　（d）

续图 5.12

2.调整动画效果

每个动画都有各自的效果选项，可以通过调整这些选项来定制动画的效果。例如，我们可以更改动画的方向、改变动画的速度或者添加声音效果。还可以设置一些特殊的动画，并且直接在幻灯片中调整路径的形状和位置，如图 5.13 所示。

图 5.13　调整动画效果

3.设置动画的播放顺序和时间

在动画列表中,可以通过拖动动画来改变动画的播放顺序,也可以设置动画的播放时间,比如设置动画在何时开始(如单击时、与上一动画同时、在上一动画之后),以及动画的持续时间,如图5.14所示。

图 5.14 设置动画的播放顺序和时间

4.预览动画

在添加和调整动画后,可以单击"预览"按钮来查看动画的效果。如果对动画的效果不满意,我们可以继续调整动画的效果和播放时间,直到得到满意的结果,如图5.15所示。

按照以上步骤,我们对每页演示文稿进行逐一调整,调整完之后就可以着手进行全部演示文稿的播放了。

5.准备演示文稿的放映

在演示文稿准备好后,可以开始考虑如何放映演示文稿。我们可以在"幻灯片放映"菜单中找到放映相关的设置(如设置放映的分辨率),选择是否显示演示者工具以及设置是否循环放映,如图5.16所示。

6.演示文稿的放映

单击"从头开始"或"从当前幻灯片开始",就可以开始放映演示文稿。在放

图 5.15　继续调整动画的效果和播放时间

图 5.16　准备演示文稿的放映

映过程中，可以使用箭头键或空格键来控制幻灯片的切换，也可以使用鼠标来操作演示者工具（如使用激光指示器），或者在幻灯片上做标注。也可以通过单击 WPS 演示底部工具栏上的播放按钮来进行放映（见图 5.17）。

　　以上就是我们使用 WPS 演示设计动画和放映演示文稿的基本步骤。在实际操作中，可以根据需要使用更多的 WPS 演示功能，例如使用自定义幻灯片放映或者录制幻灯片放映，以更好地配合演示需求。

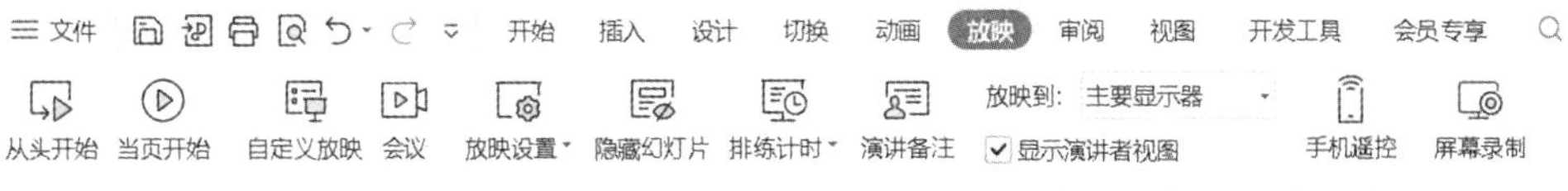

图 5.17　播放按钮在底部工具栏上的位置

【练习题】

1. 在 WPS 演示中,通过(　　)可以插入图片。

A. 插入、图片

B. 插入、图表

C. 插入、文本框

D. 以上都不对

2. 在 WPS 演示中,通过(　　)可以插入形状。

A. 插入、形状

B. 插入、文本框

C. 插入、超链接

D. 以上都不对

3. 在 WPS 演示中,通过(　　)可以添加幻灯片。

A. 新建、幻灯片

B. 文件、新建

C. 插入、幻灯片

D. 以上都不对

4. 在 WPS 演示中,通过(　　)可以删除幻灯片。

A. 删除、选中幻灯片

B. 编辑、选中幻灯片

C. 文件、删除选中幻灯片

D. 以上都不对

5. 在 WPS 演示中,通过(　　)可以更改幻灯片的背景。

A. 格式、背景样式

B. 格式、背景颜色

C. 背景、样式

D. 以上都不对

6. 在 WPS 演示中,通过(　　)可以设置幻灯片的主题。

A. 设计、主题

B. 格式、主题

C. 主题、选择

D. 以上都不对

7. 在 WPS 演示中,通过(　　)可以设置幻灯片的动画效果。

A. 动画、添加动画

B. 动画、全部应用

C. 幻灯片、添加动画

D. 以上都不对

8. 在 WPS 演示中,通过(　　)可以调整幻灯片的顺序。

A.幻灯片、重新排序 　　　　　　　B.编辑、重新排序

C.幻灯片、移动 　　　　　　　D.以上都不对

9.在WPS演示中,通过(　　)可以隐藏幻灯片。

A.幻灯片、隐藏 　　　　　　　B.编辑、隐藏

C.幻灯片、删除隐藏 　　　　　　　D.以上都不对

10.在WPS演示中,通过(　　)可以设置幻灯片的切换效果。

A.切换、效果 　　　　　　　B.切换、速度

C.效果、切换速度 　　　　　　　D.以上都不对

11.在WPS演示中,通过(　　)可以添加批注。

A.插入、批注 　　　　　　　B.注释、批注

C.编辑、批注 　　　　　　　D.以上都不对

12.在WPS演示中,通过(　　)可以设置幻灯片的版式。

A.格式、版式 　　　　　　　B.幻灯片、版式

C.版式、选择 　　　　　　　D.以上都不对

13.在WPS演示中,通过(　　)可以调整幻灯片中文本的字体、字号和颜色。

A.格式、字体 　　　　　　　B.文本、编辑

C.字体、字号、颜色 　　　　　　　D.以上都不对

14.在WPS演示中,通过(　　)可以设置幻灯片的背景音乐。

A.插入、背景音乐 　　　　　　　B.背景、音乐

C.插入、音频 　　　　　　　D.以上都不对

15.在WPS演示中,通过(　　)可以设置幻灯片的放映方式。

A.放映、方式 　　　　　　　B.幻灯片、放映方式

C.方式、选择 　　　　　　　D.以上都不对

16.在WPS演示中,通过(　　)可以创建幻灯片母版。

A.新建、母版 　　　　　　　B.模板、母版

C.设计、母版 　　　　　　　D.以上都不对

17.在WPS演示中,通过(　　)可以设置幻灯片的背景纹理。

A.格式、纹理 　　　　　　　B.背景、纹理

C.纹理、选择 　　　　　　　D.以上都不对

18.在WPS演示中,通过(　　)可以添加超链接。

A.插入、超链接 　　　　　　　B.编辑、超链接

C.幻灯片、超链接 　　　　　　　D.以上都不对

19. 在 WPS 演示中,通过( )可以设置幻灯片的切换效果。

A. 切换、效果　　　　　　　　　　B. 动画、切换效果

C. 效果、选择　　　　　　　　　　D. 以上都不对

20. 在 WPS 演示中,通过( )可以预览幻灯片的放映效果。

A. 预览、放映效果　　　　　　　　B. 幻灯片放映、预览

C. 预览、全部应用　　　　　　　　D. 以上都不对

21. 在 WPS 演示中,通过( )可以添加幻灯片编号。

A. 插入、编号　　　　　　　　　　B. 格式、编号

C. 编号、选择　　　　　　　　　　D. 以上都不对

22. 在 WPS 演示中,通过( )可以设置幻灯片的背景颜色。

A. 格式、背景颜色　　　　　　　　B. 背景、颜色

C. 颜色、选择　　　　　　　　　　D. 以上都不对

23. 在 WPS 演示中,通过( )可以设置幻灯片的尺寸。

A. 格式、尺寸　　　　　　　　　　B. 幻灯片、尺寸

C. 尺寸、选择　　　　　　　　　　D. 以上都不对

24. 在 WPS 演示中,通过( )可以设置幻灯片的显示比例。

A. 格式、显示比例　　　　　　　　B. 幻灯片、显示比例

C. 显示比例、选择　　　　　　　　D. 以上都不对

25. 在 WPS 演示中,通过( )可以设置幻灯片的主题效果。

A. 设计、主题效果　　　　　　　　B. 格式、主题效果

C. 主题效果、选择　　　　　　　　D. 以上都不对

26. 在 WPS 演示中,通过( )可以插入文本框。

A. 插入、文本框　　　　　　　　　B. 文本、文本框

C. 文本框、选择　　　　　　　　　D. 以上都不对

27. 在 WPS 演示中,通过( ),可以为一张已有的图片添加动画效果。

A. 直接点击图片,选择工具栏中的动画

B. 在图片上单击右键,选择添加动画效果

C. 选中图片,选择菜单中的动画,再点击自定义动画选项

D. 以上都不对

28. 在 WPS 演示中,通过( ),可以设置动画的播放顺序。

A. 按照幻灯片的顺序自动播放

B. 在自定义动画选项中设置

C. 在动画设置中设置

D. 以上都不对

29. 在 WPS 演示中,通过( ),可以删除一个已设置的动画效果。

A. 选中幻灯片,选择菜单中的删除动画选项

B. 在自定义动画选项中删除

C. 直接在动画效果中选择无动画

D. 以上都不对

30. 在 WPS 演示中,通过( ),可以预览设置的动画效果。

A. 选择预览模式,自动播放所有幻灯片的动画效果

B. 在自定义动画选项中选择预览

C. 使用预览快捷键,例如"F5"或"Shift＋F5"

D. 以上都不对

31. 在 WPS 演示中,通过( ),可以设置动画的持续时间。

A. 在动画效果中设置

B. 在自定义动画选项中设置

C. 在时间轴中设置

D. 以上都不对

32. 在 WPS 演示中,通过( ),可以将一个动画效果应用于所有幻灯片。

A. 复制动画效果,粘贴到所有幻灯片

B. 在自定义动画选项中选择应用到所有幻灯片

C. 在动画设置中选择应用到所有幻灯片

D. 以上都不对

33. 在 WPS 演示中,通过( ),可以创建路径动画。

A. 使用动画路径工具创建

B. 在自定义动画选项中选择路径动画

C. 在动画设置中选择路径动画

D. 以上都不对

34. 在 WPS 演示中,通过( ),可以复制一个已有的动画效果。

A. 选中幻灯片,复制已有的动画效果,粘贴到其他幻灯片

B. 在自定义动画选项中选择复制动画效果

C. 在动画设置中选择复制动画效果

D. 以上都不对

35. 在 WPS 演示中,通过(　　),可以调整动画的播放顺序。

A. 在时间轴中拖动动画顺序

B. 在自定义动画选项中调整顺序

C. 在动画设置中调整顺序

D. 以上都不对

36. 在 WPS 演示中,通过(　　),可以设置动画的触发器。

A. 在动画效果中设置

B. 在自定义动画选项中设置

C. 在时间轴中设置

D. 以上都不对

37. 在 WPS 演示中,通过(　　),可以调整动画的速度。

A. 在动画效果中调整速度

B. 在自定义动画选项中调整速度

C. 在时间轴中调整速度

D. 以上都不对

38. 在 WPS 演示中,通过(　　),可以创建淡入淡出动画效果。

A. 选择淡入淡出动画效果

B. 在自定义动画选项中选择淡入淡出效果

C. 在动画设置中选择淡入淡出效果

D. 以上都不对

计算机网络

·学习目标·

现代社会,网络已经无处不在,它连接了全球的信息和资源,改变了我们的生活和工作方式,成为我们日常生活不可或缺的一部分。无论是从提升个人能力,还是从适应社会发展的角度看,计算机网络的学习,都是极其重要且必要的。下面我们详细讨论学习计算机网络的目的和意义。

首先,我们需要理解组建和使用有线无线混合局域网的知识。在家庭、学校、办公室等环境中,合理有效的网络架构是非常重要的。它不仅可以为我们提供稳定可靠的网络连接,满足我们上网冲浪、在线学习、远程工作等需求,同时也能帮助我们节省网络资源,提升网络使用效率。

例如,我们可以根据自身的需求和环境特点,选择合适的网络设备(如路由器、交换机、无线接入点等)进行物理布线和设备配置,构建起一个适合自己的网络环境。再如,我们可以利用网络诊断工具,对网络进行定期的检查和维护,确保网络的稳定和安全。

其次,网络为我们提供了无数解决日常问题的方法和工具。我们可以利用网络资源(如搜索引擎、网络库、开放教育资源等),获取所需的信息和知识,提升学习和工作效率。同时,我们还可以利用网络工具(如云服务、远程协作工具、VPN 等),进行远程学习、远程工作,甚至进行跨地域、跨文化的交流和协作。例如,我们可以利用云服务,将文件存储在云端,实现随时随地的访问和分享。我们可以利用远程协作工具和全球的同事、朋友进行实时的交流和协作,大大提高工作效率。

再次,网络安全能保护我们在网络世界中的隐私不被泄漏。当前,网络安全问题越来越严重,网络攻击、网络诈骗、网络欺凌等问题层出不穷,对个人隐私和财产安全构成了严重威胁。学习网络安全知识,可以帮助我们理解和防范网络攻击,使用防火墙、防病毒软件、恶意软件防护等工具,保护电脑和数据。同时,我们还需要学习如何保护个人信息,例如如何设置安全的密码、如何使用加密技术、如何设置隐私等等。这些都是我们在网络世界中保护自身安全的重要手段。

最后,我们要明白的是,学习计算机网络不仅是为了提升我们的个人能力,更是为了适应现代社会的发展。在这个信息爆炸的时代,网络已经成为我们获取和传递信息的重要途径,掌握网络知识能使我们在信息海洋中游刃有余,快速获取所需的信息。同时,网络也是我们与世界连接的重要工具,掌握网络知识能使我们更好地利用网络,与全球的人们进行交流和合作,提升我们的全球视野和竞争力。

综上所述,学习计算机网络的目的和意义在于提升我们的网络能力,保护我们的网络安全,提升我们的信息素养,提升我们的全球竞争力。在这个网络化的时代,学习计算机网络,是我们适应和引领社会发展的必要选择。

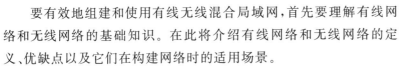

任务1 计算机网络基础:组建与使用有线无线混合局域网

一、理解有线网络和无线网络的基础知识

要有效地组建和使用有线无线混合局域网,首先要理解有线网络和无线网络的基础知识。在此将介绍有线网络和无线网络的定义、优缺点以及它们在构建网络时的适用场景。

有线网络,顾名思义,是指通过物理线路(如双绞线、光纤、同轴电缆等)连接设备,以实现数据传输的网络。有线网络的特点是传输稳定,速度快,不易受到电磁干扰。特别是在数据中心、企业网络等大规模、高带宽、高安全性的场景下,有线网络是首选。然而,有线网络的缺点也很明显。一是部署成本高,因为需要购买和布设物理线路,可能需要专业的网络工程师进行布线、调试等工作;二是灵活性差,一旦线路布设好,如果要改变网络结构或扩展网络,往往需要重新布线;三是移动性差,设备必须接入物理线路才能接入网络,对于移动设备(如笔记本电脑、手机等)来说,使用有线网络会大大限制其移动性。

无线网络是指通过无线电波实现设备间的数据传输的网络。无线网络最大的优点是移动性强,设备只要在无线网络的覆盖范围内就可以随时随地接入网络,这对于现代社会的移动设备和移动工作方式来说，非常重要。无线网络的部署成本也较低，只需要在合适的位置部署无线接入点（如无线路由器），就可以覆盖一定范围的网络。然而，无线网络的缺点也不能忽视。一是网络速度相比有线网络较慢，特别是在网络设备多，网络负载重的情况下，无线网络的性能可能会明显下降。二是稳定性较差，无线电波很容易受到墙壁、家具和其他电子设备等的干扰，导致网络不稳定。三是安全性问题，因为无线电波可以穿越物理障碍，所以无线网络更容易受到攻击，需要采取更多的安全措施来保护网络。

了解了有线网络和无线网络的优缺点后，我们就可以根据实际的网络需求，选取合适的网络类型，进行网络的组建。例如，对于需要高带宽、高稳定性的服务器，可以选择有线网络。而对于用户的移动设备，可以选择无线网络。在多数情况下，我们会选择混合使用有线网络和无线网络，以实现网络的高性能和高移动性。

总的来说，理解有线网络和无线网络的基础知识，是组建和使用有线无线混合局域网的基础。只有理解了这些知识，才能更好地选择和使用网络设备，构建出满足我们需求的网络环境。

二、设备选择：路由器、交换机、无线接入点

在建立有线无线混合的局域网环境时，选择合适的设备是至关重要的。主要的设备包括路由器、交换机以及无线接入点。此处将详细讲述这些设备的基本概念、功能和在选择时应注意的问题。

路由器（见图 6.1）是连接两个或者多个网络并在这些网络之间转发数据包的设备。在家庭和小型企业网络中，路由器通常用于连接内部网络（如家庭网络）和外部网络（如互联网）。路由器具有多个接口，可以连接多个设备，包括有线设备和无线设备。路由器通常包含一个或者多个无线接入点，可以提供无线网络服务。选择路由器时，应考虑其带宽、接口数量、无线网络性能、安全性等因素。

交换机（见图 6.2）是用于连接多个网络设备并在这些设备之间转发数据帧的设备。交换机工作在网络的数据链路层，它可以了解和学习设备的物理地址（MAC 地址），并根据这些地址将数据帧准确地发送到目的设备而不是广播到所有设备，从而提高网络的性能。交换机通常用于扩展有线网络，如在一个大型办公室中，可以使用交换机连接所有的计算机、打印机、服务器等设备。选择交换机时，应考虑其端口数量、带宽、性能、安全性等因素。

无线接入点（wireless access point，WAP）是提供无线网络服务的设备（见图

图 6.1　路由器

图 6.2　交换机

6.3）。无线接入点接收来自有线网络的数据,然后通过无线电波将数据发送给无线设备,反之亦然。无线接入点是无线网络的核心,决定了无线网络的覆盖范围和性能。在一些大型环境(如学校、商场、酒店等)中,可能需要部署多个无线接入点,以覆盖所有的区域。选择无线接入点时,应考虑其无线网络标准(如 802.11n、802.11ac、802.11ax 等)、覆盖范围、性能、安全性等因素。

在选择网络设备时,除了考虑每个设备的性能,还要考虑设备之间的兼容性。例如,如果你的无线接入点支持最新的 802.11ax 标准,但你的设备只支持 802.11n 标准,那么你的设备只能以 802.11n 的速度连接到无线网络。因此,在购买设备时,一定要考虑你现有设备的性能和需求。

总的来说,选择合适的设备是组建有线无线混合局域网的关键。只有选择了合适的设备,才能构建出高性能、稳定、安全的网络环境。

三、组建网络:物理布线、设备配置

在选择了合适的设备后,下一步就是构建网络。这包括物理布线和设备配置两个部分。此处将详细介绍这两个步骤的方法和注意事项。

图 6.3　无线接入点

　　首先，我们讲述物理布线。在有线无线混合局域网中，有线网络和无线网络的部署是并行进行的。对于有线网络，我们需要将所有的有线设备（如计算机、打印机、服务器等）通过网络线缆连接到交换机或者路由器。网络线缆的类型包括直通线（用于连接不同类型的设备，如计算机和交换机）、交叉线（用于连接相同类型的设备，如计算机和计算机）。在布线时，要注意线缆的长度，避免过长或者过短。线缆的路线要尽量避免弯曲和拉扯，以免影响信号质量。对于无线网络，我们需要确定无线接入点的位置，以确保无线信号可以覆盖所有需要的区域。无线接入点的位置应尽量靠近无线设备，避免障碍物，尤其是金属物品和水，因为它们可以阻挡无线电波。

　　其次，我们讲述设备配置。每个网络设备都需要进行正确的配置，以确保它们可以正常地工作。对于路由器，我们需要配置 WAN 接口（连接到互联网）的 IP 地址、子网掩码、网关和 DNS 服务器，这些信息通常由互联网服务提供商提供。我们还需要配置 LAN 接口（连接到内部网络）的 IP 地址和子网掩码以及 DHCP 服务，以便为内部网络的设备自动分配 IP 地址。对于无线接入点，我们需要配置无线网络的名称（SSID）、安全模式（如 WPA2、WPA3）和密码，以确保无线网络的安全。对于交换机，通常情况下，它们是即插即用的，不需要进行配置。但在一些复杂的环境中，可能需要配置 VLAN、QoS 等高级功能。

　　最后，我们讲述安全问题。默认的配置通常是不安全的，因此我们需要修改默认的用户名和密码、启用防火墙、禁用不必要的服务等，以防止未授权的访问和攻击。

四、网络调试和维护：诊断工具、问题解决

一旦网络构建完成,我们就需要进行网络调试和维护以确保网络的稳定运行。这个过程包括诊断工具的使用以及问题解决。

网络诊断工具有助于我们识别和解决网络问题。其中最基础的诊断工具是"Ping"。通过发送小型数据包,Ping 工具可以帮助我们测试网络连通性并测量数据传输的延迟时间。如果你的计算机无法访问某个网站或者网络服务,Ping 是一个最直接的诊断方法。

另一个有用的诊断工具是"traceroute",它可以显示数据包从源主机到目标主机所经过的所有路由节点。如果网络连接中断或者延迟过高,使用 traceroute 可以帮助我们找到问题发生的具体位置。

网络速度测试工具也是常用的诊断工具,如 Speedtest、Fast.com 等。这些工具可以帮助我们测试网络的下载速度和上传速度,如果你的网络速度较慢,可以使用这些工具进行测试。

接下来,我们来看看如何解决网络问题。网络问题有很多种,如网络连通性问题、网络速度问题、网络安全问题等。解决网络问题的第一步是识别问题的原因。这可能需要我们查看设备的状态指示灯、检查设备的配置、使用诊断工具、查看系统日志,甚至咨询专业的技术支持。

在确定了问题的原因后,就可以采取相应的解决措施。例如,如果是网络连通性问题,可能需要我们重新配置设备、替换故障的硬件或者调整网络架构。如果是网络速度问题,可能需要我们升级网络带宽、优化网络配置或者减少网络负载。如果是网络安全问题,可能需要我们更新设备的固件、修改安全设置或者安装安全软件。

对于一些复杂的问题,可能需要我们采取更复杂的解决方案,如网络重构、设备升级,甚至网络策略的修改。在解决问题的过程中,我们需要持续地监控网络的状态,评估解决方案的效果,不断地调整和优化,直到问题完全解决。

五、计算机网络协议

计算机网络协议是指在计算机网络中各个节点之间进行通信时需要遵循的规则和约定,它是计算机网络中最重要的组成部分之一,也是计算机网络能够正常工作的关键所在。下面将从协议的基本概念入手,深入探讨计算机网络协议的相关知识。

1.协议的基本概念

协议（protocol）是指在数据传输或通信过程中约定的规则和标准。通常，协议是由通信双方约定的，以确保数据能够准确无误地传输和接收。协议用于保证信息的完整、准确、可靠传输，同时也用于控制数据的流动和时序。

协议具有以下三个基本特征。

(1)双方协商：协议是由通信双方协商而确定的。

(2)规则标准：协议是某一类通信中使用的规则和标准。

(3)明确性：协议必须是明确的和具体的。

2.协议的分类

根据协议的作用范围和管理方式，可以将计算机网络协议分为以下几类。

(1)物理层协议。物理层协议是用来规定通信媒介的传输特性和通信双方之间的接口标准，有利于数据在通信媒介上的传输。

(2)数据链路层协议。数据链路层协议是指在相邻节点之间传输数据帧所必需的规则和标准，用于错误检测和纠正、流量控制和传输管理等。

(3)网络层协议。网络层协议是指在计算机网络中互相连接的不同网络之间的协议，用于确定数据的路由信息、传输方式和寻址规则等。

(4)传输层协议。传输层协议用于在通信实体之间传输完整的数据流，关注的是在网络中传输数据的可靠性、正确性、效率和流控等。在 TCP/IP 协议中，传输层主要有 TCP 和 UDP 两个协议。

(5)应用层协议。应用层协议是指为特定应用程序提供服务的协议，常用的有 HTTP、FTP、TELNET、SMTP、POP3、IMAP 等。

3.计算机网络协议的标准化

为了使不同厂商和组织开发的计算机网络可以互相通信，必须制定一种通用的标准，以保证网络之间相互的操作性和连通性。因此，标准化的工作就显得尤为重要。计算机网络协议的标准化工作主要由国际标准化组织（ISO）和因特网工程任务组（IETF）来完成。

(1)国际标准化组织。

ISO 制定了一系列网络协议标准，称为 OSI 基本参考模型，是一个理论上的模型，被广泛应用于网络的设计、开发和实现。OSI 参考模型分为七层，有物理层、数据链路层、网络层、传输层、会话层、表示层和应用层。

(2)因特网工程任务组。

IETF 是一个非营利组织，是因特网技术的开发和标准化工作的组织主体。其主要是负责 INET 协议族的标准化工作,INET 协议族主要包括 TCP/IP、SMTP、POP3 等协议。

4.计算机网络协议的应用

计算机网络协议在计算机网络中的应用十分广泛。它们不仅用于数据传输和通信,还用于各类网络应用程序的开发和实现。下面介绍一下计算机网络协议的几种应用场景。

(1)网络通信。

网络通信是计算机网络协议应用最为广泛的领域。TCP/IP 协议属于这个范畴,它是因特网上的主要通信协议,被广泛用于各种网络设备和应用程序。

(2)网络应用。

网络应用是指运行在互联网或企业内部网络中的各种应用程序,如电子邮件、文件传输、网站服务等。应用层协议的出现使网络应用的开发和实现变得容易,应用层协议为应用程序提供了基本的服务。

(3)网络安全。

网络安全是计算机网络应用中一个十分重要的领域。网络安全技术包括数据加密、数字签名、防火墙、入侵检测等。常用的安全协议包括 SSL、TLS、IPSec 等。

总而言之,计算机网络协议是计算机网络中最为重要的组成部分之一,它的作用是确保网络中各节点之间的通信、数据传输以及应用程序的开发和实现都能够正常进行。协议的标准化工作对于计算机网络的发展和普及也起到了至关重要的作用。

任务 2　利用网络解决日常问题

一、网络检索信息：搜索引擎的使用、高效网络搜索技巧

在网络信息丰富的今天，有效地利用搜索引擎对网络信息进行检索变得越来越重要。掌握搜索引擎的使用和一些高效的网络搜索技巧，可以帮助我们更快更准确地找到所需的信息。

首先，让我们来了解一下搜索引擎的工作原理。搜索引擎通过对网络中的网页进行爬取、索引、排序，以便在用户查询时返回相关结果。搜索引擎会根据网页的内容、标题、链接等因素对网页进行排序，返回最相关的结果。这是为什么我们在搜索时，往往会看到最符合搜索词的结果排在最前面。

常用的搜索引擎是百度，它的搜索算法非常复杂并不断进行优化，以提供最相关的搜索结果。除了百度，还有其他的搜索引擎，如 Bing、Duck Duck Go 等。

使用搜索引擎时，需要输入关键词或短语来进行查询。关键词的选择很重要，好的关键词可以帮助我们快速找到需要的信息。我们需要选择准确、具体的关键词，避免使用过于宽泛的词语。

其次，让我们来看看一些高效的网络搜索技巧。我们可以使用引号来进行精确搜索，例如，我们可以搜索"计算机网络"，这样搜索引擎就会返回包含这个完整短语的结果。我们也可以使用减号来排除某些词语，例如，我们可以搜索"计算机网络-教程"，这样搜索引擎就会返回包含"计算机网络"，但不包含"教程"的结果。我们还可以使用星号作为通配符，例如，我们可以搜索"计算机网络 *"，这样搜索引擎就会返回包含"计算机网络"和其他任何词语的结果。

最后，我们还可以使用特殊的搜索操作，比如我们可以搜索"site：edu 计算机网络"，这样搜索引擎就会返回教育网站上关于计算机网络的内容。

二、云服务：云存储、云协作、云计算

随着技术的发展，云服务已成为我们生活和工作中不可或缺的一部分。云服务的主要优点是可以随时随地访问数据和应用程序，不需要大量的硬件和软件投入。云服务主要包括云存储、云协作和云计算等部分。

首先,云存储是一种通过网络存储和访问数据的方法。云存储服务商提供大量的存储空间,用户可以将文件上传到云端,然后通过设备和网络连接访问这些文件。最常见的云存储服务有 Google Drive、Dropbox、OneDrive 等。这些服务通常提供一定量的免费存储空间,并提供付费升级选项。云存储不仅可以存储和访问文件,也可以备份数据,防止数据丢失。

其次,云协作是一种通过云服务进行团队协作的方式。通过云协作,团队成员可以共享文件、实时编辑文档、进行视频会议等。这大大提高了团队的协作效率,使得远程工作成为可能。最常见的云协作工具有 Google Docs、Microsoft Office 365 等。这些工具提供了文档、表格、幻灯片等多种协作工具,支持多人实时编辑、历史版本回退等功能。

最后,云计算是一种通过网络提供计算资源的方式。云计算服务商拥有大量的服务器,提供虚拟化的计算资源,如 CPU、内存、硬盘、网络等。用户可以根据需求租用这些资源,进行数据处理、应用运行等任务。最常见的云计算服务有 Amazon Web Services、Google Cloud、Microsoft Azure 等。这些服务提供了弹性的资源分配,按需付费,使得用户可以专注于业务开发,而不用担心基础设施的搭建和维护。

三、网络沟通：电子邮件、社交媒体、远程会议

随着网络的普及,我们的沟通方式发生了深刻的变化。从邮件到社交媒体再到远程会议,网络沟通已经成为我们日常生活和工作中的重要组成部分。

首先,电子邮件是一种基于互联网的信息交换方式,它使我们可以快速、高效地发送信息和接收信息。电子邮件系统包括邮件服务器和邮件客户端两部分,用户可以在邮件客户端编写邮件,邮件服务器负责传递邮件。现在,大多数邮件系统支持附件,可以发送包含文档、图片、音频和视频等多种格式的文件。此外,电子邮件还提供了一些高级功能,如邮件分类、过滤、自动回复等,帮助我们更好地管理邮件。

其次,社交媒体是一种基于网络的社交方式,它使我们可以分享生活、交流想法、建立人脉。社交媒体平台(如 QQ、微信、微博等)提供了文字、图片、视频等多种分享形式,还支持点赞、评论、转发等互动方式。此外,许多社交媒体平台还提供了基于兴趣、位置等的社区功能,使我们可以找到志同道合的人,进入我们感兴趣的社区中。

最后,远程会议是一种基于网络的会议方式,它使我们可以不受地理限制地进

行面对面的沟通。远程会议软件如腾讯会议、Zoom、Microsoft Teams、Google Meet 等，提供了视频通话、语音通话、屏幕共享等功能，还支持多人同时参与，可以满足从小规模团队会议到大型网络研讨会的各种需求。此外，许多远程会议软件还提供了录制、转写等功能，帮助我们记录会议内容，提高会议效率。

总的来说，网络大大提高了我们的沟通效率。无论是工作还是生活，我们都可以利用网络沟通工具，进行实时或异步的沟通，分享信息或情感，建立和维护人际关系。

四、网络学习：在线课程、知识分享平台、虚拟实验室

网络学习作为一种现代教育形式，通过使用互联网的各类教育资源和工具，让我们可以在任何地点、任何时间进行自主学习。中国的网络学习环境非常丰富，包括在线课程、知识分享平台和虚拟实验室等多种形式。

首先，在线课程是目前网络学习的主流形式。诸如"网易云课堂""中国大学MOOC（慕课）"等平台提供了丰富的在线课程，涵盖了计算机、文学、哲学、经济等众多学科。用户可以根据自己的学习需求和兴趣选择课程，通过观看视频、参与讨论、完成作业等方式进行学习。大多数在线课程都提供了结业证书，有的甚至可以申请学分。

其次，知识分享平台是网络学习的重要组成部分。像"知乎""简书"等平台就为我们提供了一个展示自己、向他人学习的平台。在这些平台上，我们可以阅读他人的文章，获取最新的知识和信息；也可以分享自己的知识和观点，与他人进行交流和讨论。此外，一些专业领域的社区，如"GitHub""Stack Overflow"等，也是学习新技术、解决问题的重要资源。

最后，虚拟实验室是网络学习的新兴形式。一些高校和研究机构提供了虚拟实验室服务，例如"清华大学在线实验平台"等，学生可以在家中就完成实验操作，极大地提高了实验教学的便利性。同时，一些编程学习网站（如"LeetCode"），提供了在线编程环境，我们可以直接在网页上编写代码，做实时测试，非常方便。

网络学习打破了传统教育的地域和时间限制，为我们提供了更加灵活和丰富的学习方式。通过充分利用这些网络学习资源，我们可以自主掌握新知识，提升自身能力，达成个人成长和职业发展的目标。

任务 3 网络安全

一、网络威胁的认识：恶意软件、网络钓鱼、身份盗窃

在全球网络连接的今天,网络安全问题已经成为每个网络用户都必须面对的问题。网络威胁包括恶意软件、网络钓鱼和身份盗窃等,它们对个人的信息安全和隐私保护构成了严重威胁。

首先,恶意软件是网络威胁的一种常见形式。常见的恶意软件有蠕虫、特洛伊木马等,可以在用户不知情的情况下安装在电脑或移动设备上,从而窃取用户的个人信息,甚至控制用户的设备。恶意软件可以通过各种方式传播,包括电子邮件、下载的文件、恶意网站等。

其次,网络钓鱼是网络威胁的另一种常见形式。网络钓鱼是指违法人员通过伪造网站或电子邮件,诱骗用户提供个人信息,如用户名、密码、信用卡号等。网络钓鱼通常利用用户对某些熟知的网站或服务的信任,模仿其界面或邮件模板,从而让用户陷入欺诈。

再次,身份盗窃是网络威胁的严重形式。违法人员可能会通过各种手段获取用户的个人信息,如社会保险号、出生日期等,然后冒充该用户进行各种非法活动,如开设银行账户、进行信用卡交易等。身份盗窃的后果非常严重,可能会导致用户的经济受损,甚至影响用户的信用。

了解这些网络威胁的特点和传播方式,对于防范网络威胁,保护个人信息安全具有重要意义。我们需要定期更新操作系统和应用软件,以获取最新的安全补丁;我们需要安装和更新防病毒软件,防止恶意软件的侵入;我们需要提高警惕,避免打开来路不明的链接或未知的附件;我们需要设置复杂的密码,并定期更改密码,以防止密码被盗。只有这样,我们才能在享受网络带来的便利的同时,保护我们的信息安全和隐私权益。

二、网络安全防护：防火墙、反病毒软件、密码管理工具

网络安全防护是一种保护网络和网络可访问资源不受威胁和攻击的行为。网络安全防护主要包括防火墙、反病毒软件和密码管理工具三部分。

（一）防火墙

防火墙是一种硬件设备或软件程序，它位于计算机网络（如局域网或互联网）的入口处，监控和控制网络上的数据流动。防火墙的工作原理是根据预先设定的安全策略（如阻止某些类型的网络流量或只允许特定的网络连接）来过滤网络流量。防火墙可以有效地阻止未授权的访问，保护内部网络不受外部威胁。

防火墙的类型多样，包括硬件防火墙和软件防火墙。硬件防火墙（如路由器或网关）通常安装在网络的物理接口处，而软件防火墙（如 Windows 防火墙）则安装在计算机上。

（二）反病毒软件

反病毒软件是一种程序，它可以检测、防止和清除计算机病毒和恶意软件。反病毒软件通过不断更新病毒库，识别并防止新的病毒威胁。它通常会定期扫描计算机，查找并删除恶意软件。

在选择反病毒软件时，需要考虑其检测能力、更新频率、系统资源占用等因素。市场上有很多反病毒软件，如卡巴斯基、诺顿、McAfee 等。

（三）密码管理工具

密码管理是网络安全防护的重要组成部分。一个强大的密码管理工具可以有效地保护个人信息和数据安全。然而，由于我们需要记住许多不同的密码，因此密码管理变得尤为重要。

密码管理工具可以帮助我们生成和存储强大的密码。它们使用加密技术来保护存储在其中的密码，只有通过主密码才能访问。一些知名的密码管理工具包括 LastPass、1Password 和 Dashlane。

总的来说，网络安全防护是保护个人和组织的网络安全的必要手段。通过理解和使用防火墙、反病毒软件和密码管理工具，我们可以有效地保护我们的网络和数据安全。

三、安全的网络行为：安全浏览、垃圾邮件过滤、个人信息保护

在网络环境中，我们的行为决定了我们的信息安全状况。因此，安全的网络行为至关重要，其中包括安全浏览、垃圾邮件过滤和个人信息保护。

（一）安全浏览

在我们日常生活中不可避免地需要浏览互联网，然而，网络中充满了各种安全风险，如恶意网站、钓鱼网站等。安全浏览的关键在于识别和避开这些风险。

首先,使用最新版本的浏览器和操作系统,这些更新通常包含最新的安全补丁。其次,只访问那些采用 HTTPS 协议的网站,这意味着网站的通信是加密的,不易被窃取。最后,避免点击来源不明的链接,特别是那些来自垃圾邮件的链接。

(二)垃圾邮件过滤

垃圾邮件不仅会占用大量的存储空间,也可能携带病毒或者钓鱼链接。垃圾邮件过滤工具可以帮助我们自动识别和删除这些垃圾邮件。

大部分邮箱服务,如 Gmail、Outlook 等,都内置了垃圾邮件过滤功能,能够将垃圾邮件自动归类到"垃圾邮件"文件夹中。此外,我们还应定期清理垃圾邮件,并且不要随便点击垃圾邮件中的链接或者下载附件。

(三)个人信息保护

个人信息保护是网络安全的重要部分。在网络中,我们的个人信息可能会被违法者用于恶意活动,如诈骗、身份盗窃等。因此,我们需要采取措施保护我们的个人信息。

首先,我们应该小心谨慎地分享我们的个人信息,避免在不安全的网站或者社交平台上公开太多的个人信息。其次,我们应该使用较复杂的密码,并定期更改。最后,我们应使用虚拟私人网络(VPN)或者使用"隐私模式"浏览网页,以降低被跟踪的风险。

任务4　加密和网络隐私：HTTPS、VPN、加密通信

　　为了保护我们的网络通信安全，我们需要理解和使用一些加密和隐私保护技术。HTTPS是一种安全的网络通信协议，它可以保护我们的网络通信内容不被窃取。VPN是一种虚拟私有网络技术，它可以保护我们的网络通信不被监听，同时可以实现网络匿名。加密通信则是通过加密算法，保护我们的通信内容只能被预期的接收者解读。

　　网络安全是一个不可忽视的问题，我们每个人都可能成为网络攻击的目标。只有了解网络威胁，掌握网络防护，养成安全的网络行为，使用加密和隐私保护技术，我们才能在网络世界中保护我们的安全，享受网络带来的便利。

【练习题】

1. 在计算机网络中，（　　　）协议用于实现数据传输。

A. HTTP　　　　　　　　　　　B. SMTP

C. FTP　　　　　　　　　　　　D. TCP

2. 在计算机网络中，（　　　）协议用于实现远程登录。

A. SSH　　　　　　　　　　　　B. Telnet

C. FTP　　　　　　　　　　　　D. SMTP

3. 在计算机网络中，（　　　）协议用于实现文件传输。

A. HTTP　　　　　　　　　　　B. FTP

C. DNS　　　　　　　　　　　　D. SMTP

4. 在计算机网络中，（　　　）协议用于实现邮件传输。

A. HTTP　　　　　　　　　　　B. SMTP

C. FTP　　　　　　　　　　　　D. POP3

5. 在计算机网络中，（　　　）用于标识网络中的设备。

A. MAC地址　　　　　　　　　　B. IP地址

C. 域名　　　　　　　　　　　　D. 主机名

6. 在计算机网络中，（　　　）协议用于域名解析。

A. FTP　　　　　　　　　　　　B. DNS

C. SMTP   D. HTTP

7. 在计算机网络中,(   )协议用于实现远程文件传输。

A. RDP   B. FTP

C. SSH   D. Telnet

8. 在计算机网络中,(   )协议用于实现网络设备之间的通信。

A. HTTP   B. SMTP

C. ICMP   D. FTP

9. 在计算机网络中,(   )用于标识网络中的设备。

A. MAC 地址   B. IP 地址

C. 域名   D. 主机名

10. 在计算机网络中,(   )协议用于实现网页浏览。

A. HTTP   B. FTP

C. SMTP   D. DNS

11. 在计算机网络中,(   )用于实现网络连接。

A. 路由器   B. 交换机

C. 集线器   D. 调制解调器

12. 在计算机网络中,(   )用于实现数据传输。

A. 服务器   B. 工作站

C. 网络设备   D. 数据链路层设备

13. 在计算机网络中,(   )协议用于电子邮件传输。

A. SMTP   B. IMAP

C. POP3   D. FTP

14. 在计算机网络中,(   )协议用于网页浏览的安全连接。

A. SSL   B. HTTP

C. FTP   D. POP3

15. 在计算机网络中,(   )是数据传输的基本单位。

A. 比特   B. 字节

C. 帧   D. 数据包

16. 在计算机网络中,(   )负责数据的传输。

A. 应用层   B. 传输层

C. 网络层   D. 数据链路层

17. 在计算机网络中,(   )协议负责建立、管理和终止会话。

A. TCP   B. UDP

C. HTTP   D. FTP

18. 在计算机网络中，IP 地址由（   ）组成。

A. 16 位   B. 24 位

C. 32 位   D. 64 位

19. 在计算机网络中，（   ）是网络连接的核心设备。

A. 路由器   B. 交换机

C. 集线器   D. 调制解调器

20. 在计算机网络中，数据链路层的两个主要子层是（   ）。

A. 物理层和传输层   B. 数据链路层和网络层

C. MAC 层和 LLC 层   D. 应用层和会话层

21. 在计算机网络中，（   ）是网络连接的物理媒体。

A. 电缆和光纤   B. 交换机和路由器

C. 集线器和中继器   D. 数据链路和信道

22. 在计算机网络中，主机名和域名的不同之处在于（   ）。

A. 主机名是 IP 地址的另一种表示形式，而域名是主机名的翻译形式

B. 主机名是用户输入的，而域名是系统自动分配的

C. 主机名用于网络连接，而域名用于电子邮件

D. 以上都不对

23. （   ）不属于网络安全的基本要素。

A. 保密性   B. 完整性

C. 可用性   D. 可靠性

24. （   ）协议不是用于传输层安全性的。

A. SSL   B. TLS

C. IPSec   D. PPTP

25. 以下哪种技术不是用于防御网络攻击的？（   ）

A. 防火墙   B. IDS/IPS

C. 加密技术   D. 防病毒软件

26. （   ）最早提出网络安全的战略规划。

A. 美国   B. 中国

C. 俄罗斯   D. 英国

27. （   ）不属于联合国内部的国际组织，负责协调成员国共同应对网络安全

问题。

    A. NATO   B. UNCSO

    C. G7   D. G20

28.（　　）属于勒索软件攻击事件。

    A. WannaCry   B. Shamoon

    C. DarkHotel   D. Stuxnet

29.（　　）在网络安全方面的军事实力最为强大。

    A. 美国   B. 中国

    C. 俄罗斯   D. 以色列

30.（　　）机构负责协调和管理全球互联网的基础设施。

    A. ICANN   B. IETF

    C. ISO   D. W3C

31.（　　）协议不是用于电子邮件的安全性。

    A. SMTP   B. POP3

    C. IMAP   D. OTR

32.（　　）组织不属于联合国专门负责协调国际网络安全事务的机构。

    A. UNCSO

    B. G7

    C. NATO

    D. UNSECRETARY-GENERAL'S TASK FOR CEONCY BERSECURITY

使用 **WPS Office App 处理文件**

随着科技的发展和全球化的推进,移动办公已成为现代工作中不可或缺的一部分。移动办公的必要性主要体现在以下几个方面。

(1)高效便捷:移动办公可以让我们随时随地处理工作事务,不再受时间和地点的限制。无论是出差、旅行还是日常生活,我们都可以利用移动设备进行办公,从而节省了通勤时间和成本,提高了工作效率。

(2)适应性强:移动办公具有很强的适应性。一方面,它不受设备限制,用户可以使用各种移动设备(如手机、平板电脑等)进行办公,方便快捷;另一方面,移动办公不受地点限制,用户可以在任何地点进行办公,适应不断变化的工作需求。

(3)提高生产力:移动办公不仅可以利用碎片化时间进行工作,提高工作效率,还可以实现更高质量的协作和沟通。通过移动设备,我们可以随时与同事、客户进行在线交流,快速解决问题,提高工作效率。

(4)降低成本:移动办公无须租赁昂贵的办公室,减少了硬件设备和人力成本,降低了企业的运营压力。此外,移动办公还可以减少通勤时间和成本,提高员工的工作满意度和忠诚度。

(5)灵活性高:移动办公的灵活性高,用户可以自由选择工作时间和方式,适应不断变化的工作需求。无论是全职还是兼职,员工都可以根据自身情况灵活安排工作时间和地点,提高了工作灵活性和生活质量。

因此,移动办公的重要性不言而喻。它有提高工作效率、降低成本、提高生产力、适应性强、灵活性高等优点,是企业发展中不可或缺的一部分。在未来,随着科技的不断进步和人们对工作效率和生活品质的要求不断提高,移动办公的应用前景将更加广阔。

WPS Office App 正是一款运行于移动端平台上的办公软件,具有创建、编辑、存储和共享文档的功能。它支持多种文件格式,包括 Word、Excel、PowerPoint

等,可以满足用户在工作中遇到的各种需求。

WPS Office App 具有以下特点。

(1)兼容性好:覆盖 Windows、Linux、Android、iOS 等多个平台,支持查看、创建和编辑各种常用 Office 文档,方便用户在手机和平板上使用,满足随时随地移动办公的需求。

(2)功能强大:包含 WPS Writer、WPS Presentation 和 WPS Spreadsheet 三个主要组件,可以满足用户在不同场景下的办公需求。

(3)云存储和共享:支持云存储和多设备同步,方便用户随时随地访问文件,并可以轻松将文件分享给同事或朋友。

(4)优化用户体验:自 WPS Office 2005 以来,用户界面类似于 Microsoft Office 产品,使用户更容易上手。

(5)支持多种语言:WPS Office App 支持多种语言,可以满足不同国家和地区用户的需求。

(6)运行效率高:WPS Office App 的内存占用低,体积小巧,插件平台支持强大。

在 WPS Office App 中,可以轻松创建和编辑文档、制作表格和演示文稿,并且可以随时随地存储和共享文件。通过学习课程,同学们将掌握如何使用 WPS Office App 在实际工作中提高工作效率和准确性。

在模块 7 中,我们将通过 3 个任务来了解熟悉并熟练掌握 WPS Office App 的应用技巧。这 3 个任务分别是:审阅培训通知、制作疫苗接种统计表、审阅"企业宣传及产品推介"演示文稿。

任务1　审阅培训通知

在开始使用 WPS Office App 之前,需要下载并安装 WPS Office App,如图 7.1 所示。根据手机系统,选择合适的版本进行下载。完成安装后,进行简单的设置,以便更好地使用。

1.文档创建与编辑

打开 WPS Office App,单击红色"＋"号按钮,单击新建"文字"图标,单击"空白文档"按钮,即可创建一个新的文档,如图 7.2 所示。根据所需撰写的内容,输入标题和

图 7.1　下载并安装 WPS Office App

各个章节的标题。在每个章节中，添加相应的文本内容。在编辑过程中，我们可以根据需要对文本进行格式设置，如字体、字号、颜色、对齐方式等，如图 7.3 所示。

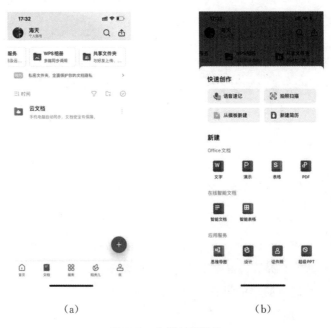

（a）　　　　　　　　　　　　　　（b）

图 7.2　文档创建操作

（c） （d）

续图 7.2

（a） （b）

图 7.3 文档编辑操作

（c）　　　　　　　　　　（d）

续图 7.3

2. 审阅培训通知

在熟悉了基本操作后，就可以着手来完成该项任务了。

首先，将在电脑中制作好的培训通知文件发送到手机上，用 WPS Office App 打开文件。打开 WPS Office App 后，单击右上角圆圈中的文件夹图标（见图 7.4（a）），进入"导入文件"页面（见图 7.4（b）），根据个人情况不同，单击相应的文件存储位置，找到文件并单击打开文件。在打开的文件页面（见图 7.4（c）），单击左上角编辑按钮进入编辑模式（见图 7.4（d））。

其次，在编辑模式下，单击底部"T"字形按钮进入文件设置面板，在这里可以对文本进行各种操作的设置。滑动选项卡找到审阅菜单，在此菜单下设有关于审阅功能的各种设置，滑动"开始修订"按钮将进入文档的修订模式。返回文本编辑页开始审阅文档。审阅中可以将发现的错误直接修改过来，同时也保留有修订的痕迹，便于其他人查看，如图 7.5 所示。

最后，单击完成即可在手机端通过 WPS Office App 完成文件的审阅工作，这项功能对于经常出差的商务人士特别方便。

图 7.4　打开文件并进入编辑模式操作

(a)　　　　　　　　　　(b)　　　　　　　　　　(c)

图 7.5　文档的编辑操作

任务 2　制作疫苗接种统计表

打开 WPS Office App，单击"＋"号按钮，单击新建表格图标，单击空白表格按钮，即可创建一个新的表格，如图 7.6 所示。

一个简化的疫苗接种统计表一般包括以下内容：接种人姓名、性别、身份证号、手机号、住址、第一针接种时间、第二针接种时间等。
在新建的表格中，用手指点选需要输入内容的单元格，该单元格会以高亮外框标识，此时单击底部工具栏中的键盘按钮即可进行文字录入。依次录入疫苗统计表中的内容，如图 7.7 所示。

图 7.6　新建一个表格

图 7.7　录入疫苗统计表中的内容

按住填充柄，即活动单元格左上角和右下角的黑色小方块，就可以自由拖动选择的范围，可以对范围内的表格进行各种设置。

屏幕的底部有一排快捷工具栏，包括工具、查看、键盘和分享，如图7.8所示。

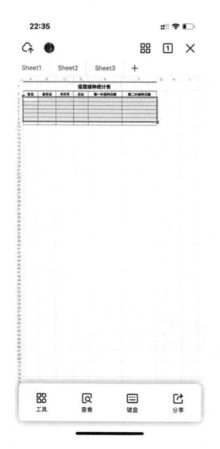

图7.8　快捷工具栏

单击"工具"按钮，即可调出表格的完整菜单界面，包括开始、文件、查看、插入、数据、审阅和画笔。单击每一个选项，即可在下方展示出对应分类的功能表单，如图7.9(a)所示。这些表单的功能与电脑上对应功能基本一致，可以很方便地对单元格、工作簿进行各种设置。

单击"查看"按钮，即可直接进入菜单界面中对应的查看功能表单，如图7.9(b)所示。

单击"键盘"按钮，即可进入输入界面，方便进行文字的录入，如图7.9(c)所示。

单击"分享"按钮,即可对正在编辑的表格进行分享与发送操作,如图 7.9(d)
所示。

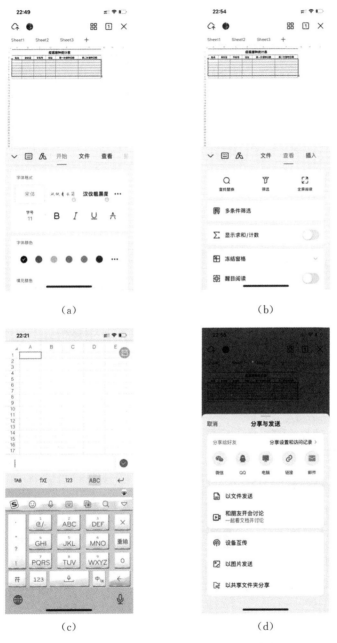

(a)

(b)

(c)

(d)

图 7.9 "工具""查看""键盘""分享"的功能

任务 3 审阅"企业宣传及产品推介"演示文稿

除了文档和表格之外，WPS Office App 还支持制作演示文稿。
下面就以审阅模块 5 中制作的"企业宣传及产品推介"为例介绍在移
动端演示文稿的应用。

类似于模块 5 中的任务 1，我们先打开已经制作好的演示文稿，如图 7.10
所示。

（a）   （b）

图 7.10 打开已经制作好的演示文稿操作

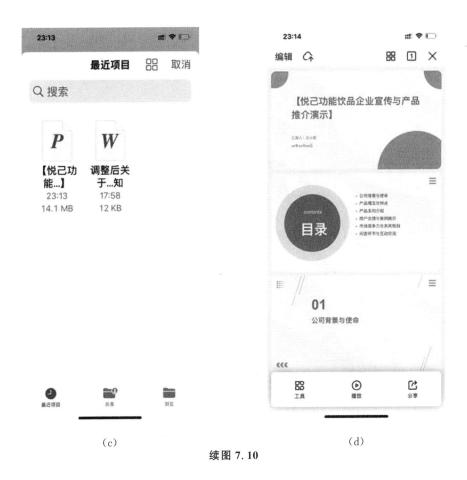

（c）　　　　　　　　　　　　　　　（d）

续图 7.10

　　此时可以看到所需演示文稿已经处于浏览模式,我们可以上下滑动查看页面或者直接播放该文稿。如果需要对内容进行修改和调整,则需要单击左上角的"编辑"按钮进入编辑模式。在编辑模式下,可以对文稿进行各种调整,底部的工具栏则提供了所需的所有功能。调整完成后,单击底部工具栏的第一个图标,调出功能菜单,在文件菜单下有"文档定稿"选项,单击"文档定稿"即可完成演示文稿的审阅工作,如图 7.11 所示。

　　通过本模块的学习,同学们将能够掌握 WPS Office App 的各项基本功能,包括文档编辑、表格制作、演示文稿制作等。希望大家在学习的过程中,大胆尝试,多加练习,相信很快就能够融会贯通、举一反三。

（a）　　　　　　　　　（b）

图 7.11　选择"文档定稿"选项操作

【练习题】

1. WPS Office App 包含（　　）功能。

A. 文档编辑、表格制作、幻灯片制作

B. 文档阅读、文档编辑、幻灯片制作

C. 文档编辑、表格制作、邮件发送

D. 文档阅读、文档编辑、表格制作

2. 在 WPS Office App 中，通过（　　）新建一个文档。

A. 点击左上角的"＋"按钮

B. 进入"文档"栏目，点击"新建"按钮

C. 直接在桌面上点击"新建"按钮

D. 进入"WPS Office"应用，点击"新建"按钮

3. 在 WPS Office App 中，对文档实现排版的方法是（　　）。

A. 使用自动排版功能

B. 使用手写笔进行排版

C. 根据自己的习惯进行排版

D. 使用模板进行排版

4. 在 WPS Office App 中,通过(   )插入一个表格。

A. 直接在文档中手动绘制表格

B. 使用"插入表格"功能,输入行数和列数

C. 使用模板中自带的表格样式进行插入

D. 以上方法均可

5. 在 WPS Office App 中,关于表格的编辑,说法正确的是(   )。

A. 可以对单元格进行合并、拆分、删除等操作

B. 可以对单元格进行格式设置,如字体、颜色、背景等

C. 可以对整个表格进行复制、粘贴、剪切等操作

D. 以上方法均可

6. 在 WPS Office App 中,通过(   )插入一个图片。

A. 点击插入,然后选择图片

B. 用画笔直接绘制

C. 使用文本框,然后输入图片的描述

D. 将手机中的图片复制粘贴到文档中

7. 在 WPS Office App 中,设置字体和字号的方法是(   )。

A. 通过样式进行设置

B. 在文档页面上方的工具栏进行设置

C. 使用语音识别进行设置

D. 无法进行设置,只能手动调整字号和字体

8. 在 WPS Office App 中,保存文档的方法是(   )。

A. 自动保存,无须手动操作

B. 点击文件名,然后选择保存

C. 在文档页面上方的工具栏点击保存按钮

D. 无法保存,只能另存为其他格式

9. 在 WPS Office App 中,分享文档的方法是(   )。

A. 直接通过手机短信进行分享

B. 通过邮件进行分享

C. 在应用内部找到分享功能进行分享

D. 以上方法均可

10. 在 WPS Office App 中，使用模板进行文档制作的方法是在（   ）。

A. 在应用首页点击模板，然后选择需要的模板进行制作

B. 在应用内部搜索模板关键词，找到需要的模板进行制作

C. 无法使用模板，只能按需手动制作文档

D. 以上方法均可

11. 在 WPS Office App 中，实现文字排版的方法是（   ）。

A. 可以通过调整字距、行距、段落缩进等方式进行排版

B. 可以通过样式设置进行排版

C. 无法进行排版，只能手动调整文字位置和大小

D. 以上方法均可

12. 在 WPS Office App 中，插入一个超链接的方法是（   ）。

A. 点击插入，然后选择超链接

B. 通过快捷键进行超链接插入

C. 无法插入超链接，只能手动输入链接地址

D. 以上方法均可

13. 在 WPS Office App 中，设置页眉和页脚的方法是（   ）。

A. 点击插入，然后选择页眉或页脚

B. 在文档页面上方的工具栏进行设置

C. 无法设置页眉和页脚，只能手动添加

D. 以上方法均可

14. 在 WPS Office App 中，对文档进行页面布局的方法是（   ）。

A. 可以选择不同的纸张大小和方向进行布局

B. 可以进行分栏和分页设置

C. 无法进行页面布局，只能按需手动调整文档内容的位置和大小

D. 以上方法均可

15. 在 WPS Office App 中，对文档进行加密的方法是（   ）。

A. 可以使用应用内的加密功能对文档进行加密

B. 可以将文档保存为加密文件格式

C. 无法对文档进行加密，只能通过其他安全措施进行保护

D. 以上方法均可

16. 在 WPS Office App 中，插入一个批注的方法是（   ）。

A. 点击插入,然后选择批注

B. 在文档页面上方的工具栏进行设置

C. 无法插入批注,只能手动添加注释

D. 以上方法均可

17. 在 WPS Office App 中,设置字体样式的方法是( )。

A. 可以使用内置的字体样式进行设置

B. 可以自定义字体样式并进行保存

C. 无法设置字体样式,只能使用默认样式

D. 以上方法均可

18. 在 WPS Office App 中,对文档进行修订和批注的方法是( )。

A. 可以使用文档审阅功能进行修订和批注

B. 无法进行修订和批注,只能手动添加修改和注释

C. 可以使用文本框进行修订和批注

D. 以上方法均可

19. 在 WPS Office App 中,对文档进行备份和恢复的方法是( )。

A. 可以使用应用内的备份功能进行备份和恢复

B. 可以通过云端同步进行备份和恢复

C. 无法进行备份和恢复,只能手动复制和粘贴文档内容

D. 以上方法均可

20. 在 WPS Office App 中,对文档进行多人协作的方法是( )。

A. 可以使用应用内的协作功能进行多人协作

B. 可以通过云端共享文件夹进行多人协作

C. 无法进行多人协作,只能手动复制和粘贴文档内容给其他人

D. 以上方法均可